雨的科學

武田喬男　著

晨星出版

序

看著雲在空中蓬鬆輕柔地飄著，不斷地變化形狀的景象，日本人會將它用來比喻過於模糊不清，摸不著邊際，不知要從何開始進行的事情。用文字來形容的話，「就像是要用手去抓雲一樣」。另外還有一句諺語：「形成了雲，變成了雨」（譯註：爲杜甫《貧交行》中「翻手作雲覆手雨」的日文翻譯），是指原本晴空萬里的天空出現了黑雲，轉眼間覆蓋住整片天空，有時候也會下起大雨，這種激烈的天氣變化。

下雨，是日常生活中司空見慣的現象。雖然會有太陽雨，每個人也都知道雨是從雲裡面降下來的，但是被孩子們一臉認眞地問：「爲什麼雨會從天空降下來呢？」、「爲什麼雨不會像瀑布一樣接二連三地降下來，而是變成水滴一滴一滴地降下來呢？」、「爲什麼在炎熱的夏天，會發生下冰雹而不是下雨的情況呢？」或是「如果說雲是由水滴所匯聚而成的，那爲什麼雲就不會掉下來呢？」等問題的時候，是否會疑惑該如何回答是好呢？

雲和雨是一種非常有趣的大自然現象，也爲地球這顆水行星帶來獨特的景觀，只是對於生活在地球上的人而言，這種常見的現象不足爲奇，多數人也不會對它產生疑問。反倒是以前的人會認爲下雨這個現象有著各式各樣不可思議的事，即使他們沒有現代高科技的觀測儀器，也會仔細地觀察各種降雨現象。比如說，數十年前就已經出版的優秀書籍，像是《雨》（岡田武松著）、《降水的物理學》（高橋喜彥著）、《雨的科學》（礒野謙治）等等。這些書中，除了提到當時的雨的科學之外，還生動有趣地刻劃出從前的人對於降雨這種現象說不定也有這種想法的內容。

從書寫這些書籍的年代至今，已經有不少科學技術問世，可以進一步幫助雨的科學研究，連降雨方式也都能被準確地預報。想要理解雨這個大自然的現象，當然就必須先了解雨降下來以前存在的地方——雲。近年來的研究，最大的變化應該就是前面所提到的「就像是要用手去抓雲一樣」的雲，現在已經可以調查出，從微觀等級到地球規模等級各種不同空間範圍的現象，以及了解到微觀等級所發生的現象與地球規模等級的現象有著密切的關聯性。尤其是，隨著感測器以及電腦的發展，現在可以像是「抓著雲」一樣，直接用雲原本的規模進行調查雲和雨了。

雲和雨的科學，其中一個特徵是發生在千分之1毫米左右大小的現象或者是過程裡會產生非常大的作用。人造雨以及人爲改變氣象原本只是氣象學的一個夢想，但是在20世紀過半開始，雲和雨的微觀物理也發展了起來，而這也是人工降雨的科學基礎之一。這部分的研究方式，主要是透過降雨過程相關的室內實驗，以及使用飛機在雲中進行觀測等。另一方面，各種激烈的天氣現象如大雨、集中豪雨、大雪、打雷、冰雹、龍捲風、陣風、突然出現的強風以及颱風等，每年都在地球上各地區帶來相當大的災害。這些氣候現象與非常發達的雲有關。一部分雲和雨的科學，就是朝著提供這類型自然災害的預報和防止災害發生的大目標而發展至今。而對這些研究而言，最有力的觀測手段就是稱爲雷達的感測器。

電腦的進步，讓雲和雨的科學有了飛躍性的發展。當雲出現，接著變成雨降下來的現象，主要是由微觀物理以及氣流力學等錯綜複雜的科學所形成。要調查這種複雜的相互作用，且範圍擴及到全體的雲時，就必須使用到可以高速演算大量數值的電腦，才能將不可能化爲可能。也就是說，有了電腦來模擬雲的數值，才能讓「抓住雲的研究」變成可進行的研究。

另一個顯著的進步，就是可以透過人造衛星來觀測雲及降雨的狀態。早年的氣象觀測大多是以自己爲中心，觀測周圍的狀態。從可以透過人造衛星來觀測雲以及降雨的狀態到現在，最多不過20年，就已經大幅度地改變雲的觀測方式了。會帶來集中豪雨的雲塊直徑尺寸會達到數百公里，利用從前的觀測方式無法掌握到全貌，但是現在只要使用人造衛星進行觀測，便可以在尚未降下集中豪雨，而且是初期就能觀察到雲塊的全貌。另外，即使雲位於距離自己所在位置非常遙遠的區域，也可以即時觀測到。藉此可以知道世界各地的雨，會隨著地區以及氣候出現各式各樣的樣貌，同時各個地區的生活方式、習慣也會有所不同。現在可以即時觀測並比較各個地區中，會帶來雨水的雲有著什麼樣的變化。換言之，現在已經到了一個任誰都可以自然地以全球視角來觀察整個地球氣候變化的時候。

要理解複雜的地球自然氣候變化時，通常會先拆解每個過程，接著透過拆解過程來理解過程中發生什麼事，最後再把這些過程組合起來，試圖從中解讀整個氣候的變化。但是，觀察完整的氣候現象並且要循序漸進地理解它，這一個出發點也是很重要的。這個跟理解生物一樣，除了透過基因科學來理解生物之外，同時也要有著如動物行為學般能理解動物整體的行動才行。現在只要透過人造衛星就能觀察到大範圍的雲，而且是觀察到雲最原本的樣貌。眞的可以說是雲或雨的科學也能「觀察理解整個氣象現象」了。

現在，地球環境科學因爲地球環境發生了問題而快速地發展起來，同時也知道了微生物以及大氣中微量的氣體成分對於維持地球規模的自然環境而言，扮演著非常重要的角色。同樣的，雲和雨的微觀物理，在地球規模的現象中也是如此。

本書會從微觀等級到地球規模的程度，透過各式各樣的空間規模來觀察雨，並加入新知識，指出對於地球自然環境非常重要的下雨現象以及有趣之處。本書目錄Ⅰ　地球上降雨的微觀等級特徵、Ⅱ　雲的組織化以及Ⅲ　雨的氣候學，並非各自獨立的科學，而是有著互相緊密連接的關係，對於要理解地球上的雲與雨的變化，每一章節所講述的內容都非常重要。若是各位能透過本書，開始關注到地球上的降雨現象是件多麼有趣和重要的事，對筆者而言，將是莫大的榮幸與喜悅。

筆者從2002年八月開始就住進了愛知醫科大學血液內科。雖然中間有出院過一陣子，但前後也在醫院住了一年多。在這一年多的住院生活中，筆者每天一邊看著窗戶外面的雲，一邊一筆一字慢慢地才完成了本書的原稿。特別感謝血液內科的坪井一哉醫師、高木繁醫師、伊藤公人醫師以及醫護站的醫護人員，除了一般照護以及細心觀察醫療筆者的疾病之外，還不斷地鼓勵筆者動筆寫下這本書，內心由衷地感謝。

武田喬男

2003年九月

《雨的科學》目次

雨的科學

第I部

地球降雨的微觀等級特徵

地球上的自然現象，大多是因為這就是地球，所以才會發生。因此想要理解地球，並非一定要從地球規模的程度來觀察和調查，從日常生活中的自然現象當作出發點，也是可行的。此外，想要理解雨也是一樣，只要知道雨的微觀等級特徵，就等於知道了地球上大自然的有趣以及不可思議之處。

第一章 雨滴的形狀與大小

從空中落下來的雨滴是什麼形狀呢？如果被問到的話，大家會怎麼回答呢？以每秒數公尺掉落下來的雨滴，落下時看起來就像是從天上牽引下來的線，若是不借助任何儀器直接觀察雨滴的話，將無法觀測到雨滴形狀。即使如此，就像是繪本裡面常見到的插圖，有人會將水滴想像成薤菜的形狀，也有人會從水滴的性質猜想雨滴的形狀應該是球型才對。不過，即使小雨滴的形狀是球型，但是如果聽到有人說，從空中掉落下來的雨滴中，稍微大的雨滴會呈現底部平坦的饅頭狀落下時，你是否會感到很驚訝呢？

球型的雨滴

就算是沒有高速攝影機等特殊裝置，從前的人也可以透過觀察自然現象推測出雨滴的形狀。其中一個自然現象是各位經常看到的——美麗的彩虹。光折射進入水滴之後，此時水滴的作用就跟菱鏡一樣，光在水滴裡面反射之後再折射出來，並且分成好幾個不同的顏色，這就是彩虹（圖1．1）。這個水滴是球型的。總而言之，從前的人是先觀察彩虹，然後再透過光變成彩虹的原理去推敲雨滴的形狀是球型。令人驚訝的地方是，光是看著從天空降落下來的雨滴所反射出來的亮光，並且觀察在這短短的時間間隔內所閃爍出來的光芒，就足以推敲出雨滴掉落下來時的模樣是一下子往橫向發展，一下子往縱向發展了。

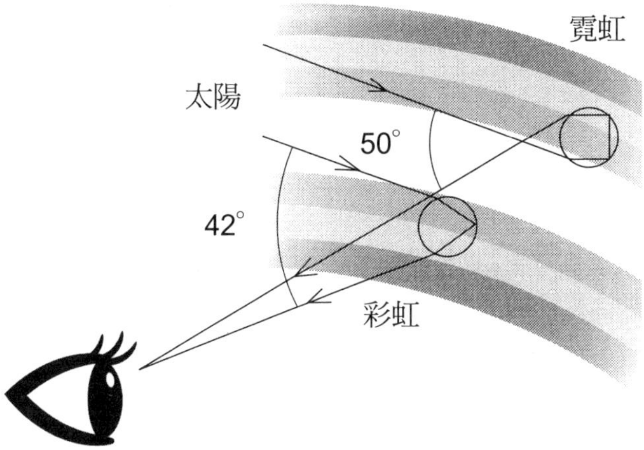

圖1.1 彩虹的原理 當太陽光進入球狀的雨滴之後，會產生反射和折射，原本白色的太陽光就會分成豐富多彩的顏色。霓虹位於彩虹的外側，霓虹的顏色排列會與彩虹相反過來。

雨滴降落的速度

半徑在0．1毫米以上的水滴才會被稱作雨滴。其理由有兩個，一個是當水滴大於0．1毫米以上時，掉落速度就會大於雲層裡面空氣的上升速度，此時水滴才會開始降下來變成雨滴；另一個理由則是當水滴大小足夠，變成雨滴降落下來時，才不會容易在過程中蒸發掉。

應該有人看過在太空中的無重力實驗裡，一個呈現球狀的大水滴漂浮在半

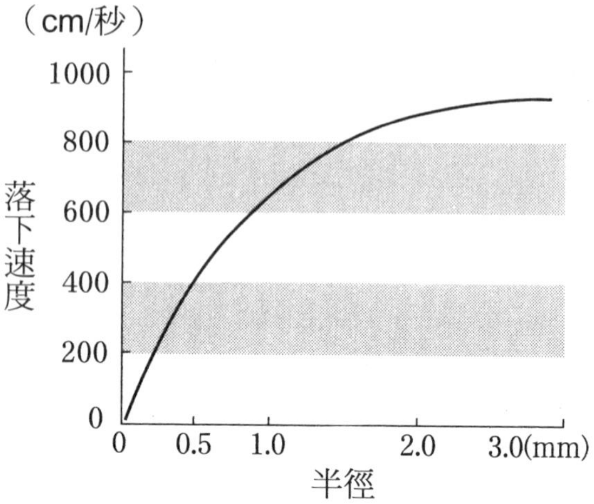

圖1．2　雨滴的掉落速度　橫軸的半徑指的是雨滴呈現球型時的半徑。

空中的照片或影片吧？水滴是液體，裡面的水分子會因爲表面張力的關係，讓整個水滴盡可能維持在最小面積，所以就變成了球的形狀。不過，不管多大的雨滴，從空中落下時都會受到其他兩種不同的作用力影響，分別是朝著地球牽引的重力以及與地球重力反方向作用的空氣阻力。在這兩種作用力下所產生的速度稱爲終端落下速度。圖1．2所表示的就是雨滴大小與終端速度的關係圖。重力指的就是重量，當雨滴愈大，牽引雨滴的重力也就愈大。那麼當重力愈大的時候，感覺好像速度也會變快，有趣的是，當雨滴的大小到達一定程度的時候，終端速度幾乎只會停留在每秒約9公尺的地方。換言之，即使相同的掉落速度，當雨滴愈大，阻力就會愈大。實際上，當雨滴變大時，會因爲受到的空氣阻力變大，而無法繼續保持由表面張力所形成的球型，並且慢慢地變成底部呈平坦狀的饅頭型。

從空氣中掉落下來的物品，會有個保持在空氣阻力最大的狀態下掉落下來的性質。大雨滴也是一樣，會以饅頭的形狀並且保持水平掉落下來。絕對不會以像是薤菜的形狀掉落下來。雖然如此，雨滴會以每秒約9公尺的速度落下，但是實際上人類的眼睛無法看出雨滴的形狀是饅頭型。

雨滴的分裂

請注意到圖1．2中並無標記（與饅頭型的雨滴同體積球體的）半徑3毫米以上的雨滴。說實在的，在地球上機乎不會降下如無重力實驗中大小半徑超過3毫米以上的雨滴。以前電視台記者在豪雨現場做轉播時，會提到降下來的雨滴大到像是乒乓球一樣，但事實並非如此。原本以饅頭型降落下來的大雨滴，當體積更大的時候，就會開始變得平坦，接著連此形狀都無法保持，進而形成圖1．3所示的王冠型，最後分裂開來。這個時候雨滴會分裂成好幾個小水滴，王冠邊緣的部分會傾向形成大水滴，包覆王冠的水膜則是傾向變成小水滴。雨滴之所以會以這種方式進行分裂，是因爲當雨滴受到地球引力牽引高速落下時，即使受到空氣的黏性及密度所產生出來的阻力影響，雨滴依然還是會因爲水的表面張力強度影響而變形。因此，當雨滴半徑大小接近3毫米時就會分裂，或者是雨滴半徑大小不會超過3毫米的

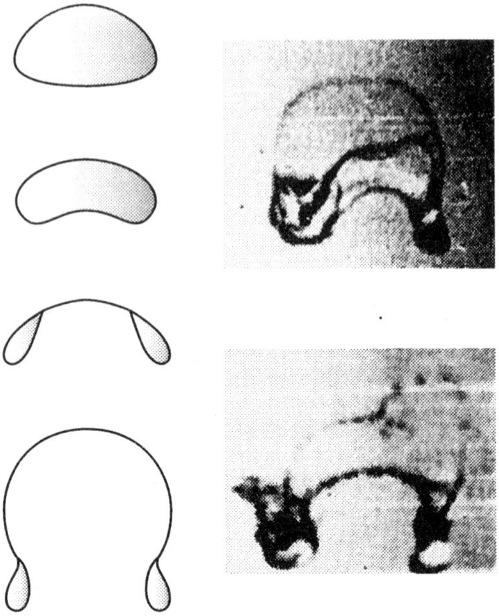

圖1.3　大雨滴落下時的形狀變化
照片是雨滴分裂前以及分裂後的形狀。

情況，就是地球上雨的特徵。

雨滴的分裂現象會在雨滴半徑超過2．5毫米的時候發生，而且雨滴愈大就愈容易出現。雨滴在落下時會受到空氣中的亂流影響，進而出現各式各樣的形狀。一般認爲雨滴分裂的機率與空氣亂流有關。下雨時，除了大雨滴會降下之外，大雨滴也會分裂成小雨滴，同時小雨滴也會是降雨的一部分，但下雨現象中有趣的地方不只如此。

關於這部分，在後面的章節將會有更詳細的解說，如果要讓小雲塊所構成的雲層能更有效率且更快下雨的話，雲層裡就必須先存在著某種程度大小的水滴。當從大雨滴分裂出來的小水滴進入到雲層時，雲層裡的水氣會與剛剛進來的水滴做結合，更有效率地形成雨滴。這種降雨方式稱爲連鎖反應。也就是說，只要當雲層裡出現會產生分裂的水滴，且分裂之後所產生的大多數水滴會因爲上升的空氣，重新進到原本的雲層或者是旁邊的雲層等各項條件俱足時，造雨反應就會像是被鍊在一起的鎖鏈般，一個接著一個出現。一般認爲颱風眼牆周圍的雲會緊密地排在一起，且伴隨著大雨滴下起滂沱大雨，正是因爲形成雨滴的連鎖反應所造成的現象。

垂直風洞

也許正在閱讀此書的你會覺得很不可思議，想著「作者怎麼會知道雨滴分裂的樣子呢？」。基本上，只要使用高速攝影機開著閃光燈對著空中降下來的雨滴拍照，就可以觀察到水滴的樣子，但是要能拍到分裂瞬間的機會是在是太少了，寄託於偶然是不足以當作科學的。實際上使用一個名爲垂直風洞的裝置，藉由人工的方式先讓水滴浮在空中，再觀察水滴的分裂狀況。圖1・4爲垂直風洞裝置的概要圖。因爲這一個裝置原理簡單，所以不會動用到太多經費。其實筆者開始在名古屋大學的研究室擔任助教的時候，就已經在研究室裡製作出這個裝置，進行雨滴分裂的實驗了。製作原理很簡單，只需要在垂直風洞下方設置一個幫浦等裝置，讓風由下往上吹，並將風速設定成和雨滴的掉落速度一樣，即可完成。接著再根據想要觀察的雨滴大小（掉落速度），適度地調整風速。技術上比較困難的地方在於：爲了

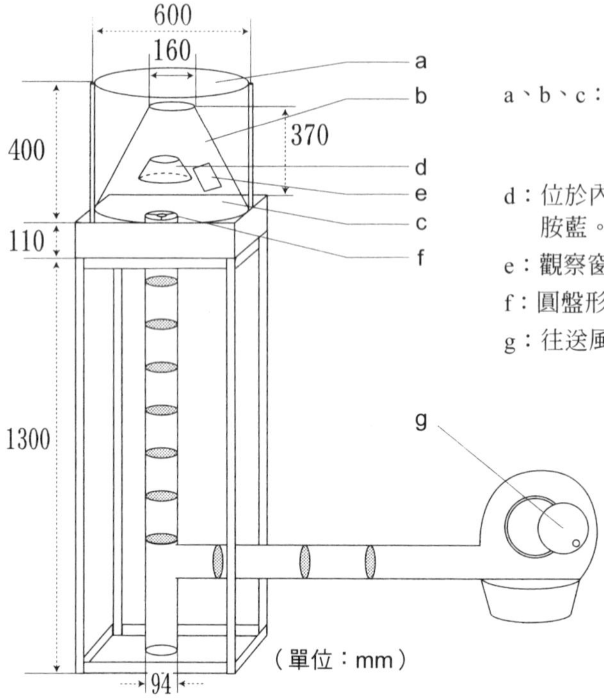

a、b、c：紙，上面塗有沾到水就會變藍色的物質（苯胺藍）。

d：位於內側的鞘，同樣塗有苯胺藍。

e：觀察窗

f：圓盤形的濾網

g：往送風機的空氣吸入閥門。

圖1.4　垂直風洞　在風洞中由下往上送出與雨滴掉落速度一樣風速的風，就可以讓雨滴漂浮在在風洞中。參考自駒林・權田・礒野（1969）。

盡可能減少上吹風裡的亂流，所以必須在下方設置葉片讓空氣流動變得緩和，以及爲了容易觀察雨滴，所以要把往上吹的風速稍微往水平方向調整，好讓雨滴可以漂浮在風洞正中央左右的位置。完成之後，就可以用高速攝影的方式來拍攝漂浮在風洞裡面的雨滴形狀變化，之後再以低速播放的方式放映出來，即可仔細地觀察分裂的狀況。

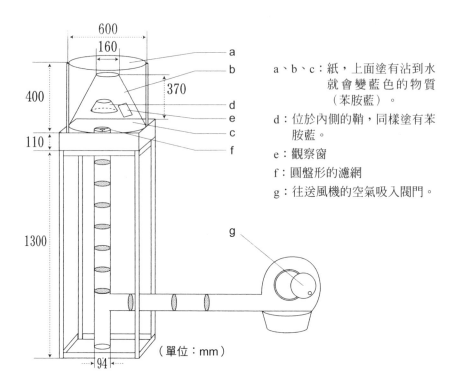

使用垂直風洞，除了可以觀察到漂浮中（落下中）雨滴的形狀、雨滴分裂時形狀的變化、調查雨滴大小與分裂機率的關係性之外，在風洞的上方貼上濾紙，收集由下往上的水滴之後，即可知道分裂的結果，也就是有多少水滴形成，形成的水滴大小爲何。前面的章節也有稍微提過，在調查雲層裡雨滴形成的過程中，知道雨滴分裂的機率，以及雨滴分裂之後產生的水滴大小與數量的分佈（粒徑分佈）是件非常重要的事。在德國、美國等國家中有著更大、性能更好的垂直風洞，不僅能做更精密的雨滴分裂實驗，也能觀察飄浮在空中的（掉落下來時）雨滴表面以及內部的流動方向等非常有趣的實驗。

不單只有雨滴的分裂。在雲層裡，雨滴、冰雹、霰、雪結晶等降水形態的成長，全都是其粒子在空氣中落下時所產生的現象。只是想要在雲層裡觀察這些粒子掉落、成長的狀況是不可能的。因此在研究雨和雪的時候，就會依照觀察目的的需求，花費時間、勞力改裝垂直風洞上的裝置，以完成各式各樣的實驗。

雖然無法實際觀察到空氣中正在落下的雨滴形狀，但仔細想想有件事情很有趣，就是爲什麼從前的人們大多會把雨滴想像成薤菜呢？也許是他們看到從水龍頭滴下來的水滴所聯想到的吧！的確，如果是看到醫院病床旁吊掛的點滴，一滴一滴往下流的液體形狀的確是薤菜型。只是即使說雨滴是以饅頭的形狀掉落下來，也無法在繪本上畫出以饅頭造型落下的雨滴吧！果然，繪畫的時候，雨滴的形狀不是薙菜型就不是下雨了。

雨滴的溫度

每一顆雨滴都會有個性質，那就是溫度。在這裡也稍微講解一下這部分吧！到目前為止，筆者被問過幾次「雨滴的溫度是幾度呢？」或是「你們如何測量雨滴的溫度呢？」各位讀者應該都有過被雨淋到，感覺特別冷的時候吧！基本上，氣溫愈往高度愈高的高空去，溫度就越低。也許有人會認為雨滴從氣溫低的高空降落下來，擁有冰冷的溫度是理所當然的。但是，雨滴掉落下來的時候，也會通過接近地面較為溫暖的空氣，因此應該會受到這些空氣的影響而提高溫度才對。實際上，雨滴的溫度必須用比較複雜的方式來決定的。

現在學校和家庭中都有在使用乾濕球溫度計。這個溫度計是由藉著讓測量溫度的地方直接裸露在空氣中的乾球溫度計，以及用沾水的紗布等布料覆蓋著測量溫度地方的濕球溫度計所組成，不僅能測量溫度，還能測量濕度。當濕度越低，濕球溫度計的溫度就會比乾球溫度計越低，只要利用兩者之間的差異就能測量出濕度。就像是夏天只要在庭院灑水，周圍就會變得涼快一樣，因為水蒸發時需要大量的熱（從空氣中吸收熱能），所以水蒸發之後，水溫就會下降，周圍空氣的溫度也會跟著下降。當乾濕球溫度計中的濕球溫度計裡所含的水蒸發時，同樣也會吸收熱能，使得濕球溫度計的溫度比乾球溫度計要來得低，所以當濕度愈低時，濕球溫度計的溫度也就會愈低。雨滴的溫度也與濕球溫度計的溫度一樣，幾乎適用於同一個原理。簡言之，雨滴的溫度與測量接近地面空氣的濕球溫度計所測量出來的結果差不多，也可以說當濕度愈低溫度就愈低。雨滴掉落下來時，會不停地經過不同溫度、濕度的空氣，雖然說雨滴愈大，雨滴的溫度就會與該處空氣中的濕球溫度計所測量出來的溫度差距愈大。但即使是如此，雨滴的溫度還是會遠低於地表的溫度。因此，當身體被雨淋濕的時候，身上的水就會跟著蒸發，覺得開始變冷也是理所當然的。

筆者就讀研究所時所提出的第一篇研究論文，主題就是假設從雲層裡降落下來的雨滴為一群體的話，此群體會在降落過程中蒸發掉多少水分。目的在於，當使用人工降雨形成雲並且下雨時，用數值計算出雨滴在雲層下方蒸發時，雨量會減少多少。對於此計算而言，重點在於要正確地知道雨滴溫度是透過上述過程所產生。只不過因為這個計算方式非常複雜，即使用到當時最大台的電腦也無法計算出來。原本只是希望能將自然界中的雨滴溫度，當作微觀物理過程的結果展現出來而已，沒想到正要開始計算的時候，才發現困難至極。

剛剛提到的是雨滴蒸發時的溫度，只不過在降雨之前的雲層裡，雲滴成長的過程、雪結晶變大的過程以及雪融化的過程中，雲滴、雪結晶、雪的溫度也扮演著極為重要的角色。但是，當開始要試著要正確的求出剛剛提到那些溫度時，才發現這些也是非常複雜且數值龐大的計算項目。

第二章 雨的強度與雨滴的大小分佈

雨的強度

在日本的氣象學中，雨的強度分成大雨、中雨以及小雨。在地球上每個地區所下的雨、雨的強度以及降雨的方法都會大大地影響到當地的文化。本書中或多或少都已經提到日本的降雨方式在地球上算是比較特殊的，其中一個比較明顯的就是雨傘的文化。在日本，下雨了就要撐傘是件習以爲常的事，但在其他國家卻不一定是如此。有些國家的下雨方式是會在短時間內降下如同颱或是陣雨，而且是非常強烈的雨，對於這些國家的國民而言，這些類型的雨，雨勢都太大了，與其撐傘，倒不如找個地方躲雨，等雨過去或是等雨停還比較簡單。另外，在長期下著小雨的國家，當地居民也不會特別撐傘，通常只要穿上大衣、戴上帽子出門就非常足夠。當然，這些類型的雨也都會在日本出現，有時候下了好長一段時間的小雨，中間也會夾雜著大雨，雖然說降雨強度還不至於要撐傘，但是當有一定強度的雨下了一個小時以上時，也沒有辦法說找個地方躲雨，等雨停就行。筆者當年還很年輕，第一次出國時，看到很多外國人不撐傘走在雨中時，也是非常地驚訝。話說回來，在世界各國，很多國家開始把雨傘當作是時尚的一部分，降雨跟雨傘的關係好像又開始變得模糊不清了。

降雨的量會以毫米爲單位，這裡指的是在1平方公分的面積中，雨水所累積的深度。10分鐘以內降下的雨水深度稱爲10分鐘降雨量，1小時內降下的雨水深度就是1小時降雨量。雨的強度會以10分鐘或是30分鐘內的降雨量爲基準，如果相同的強度持續下了1小時，那麼1小時降雨量就會是多少毫米，並以（毫米／時間）的方式來表示。總之，正確來講，雨的強度就是指10分鐘或是30分鐘內下雨的平均強度。最近也經常可以見到使用1分鐘內的降雨量換算成1小時降雨量，來代表雨的強度。在形容雨勢非常強烈的豪大雨的時候，經常會使用1小時降雨量100毫米的說法來表示，一般而言，應該很難會遇到如此的下雨經驗，因爲這種強度的雨下了1個小時（也可以說1小時內下了100毫米的雨），就等於拿了一桶水澆在身上還澆了1個小時，雨勢眞的是非常強烈。之前還有新聞報導過，有一位老人家正是因爲看到這種超過1小時降雨量100毫米的大雨，並且整整下了1個小時以上，被雨勢所驚嚇，最後導致心臟病發作死亡。

爲了要觀察到目前爲止，日本有沒有下過，又下過什麼樣強度的雨，筆者調查了1小時降雨量（或著是說1小時的平均降雨量），並且把第1名到第20名的數值找了出來（圖2．1）。有趣的是，第7名到第13名的1小時降雨量記錄爲133毫米～140毫米，差異並不大。但是，排名第1名到第5名的紀錄就有非常大的落差。筆者曾經被問過：「下雨強度最大會到多少呢？」關於地球上降雨紀錄的部分，會在第十一章提到，如果只看日本國內的1小時降雨量（1小時降雨量的平均強度），且1小時140毫米左右降雨量的雨勢的話，的確是非常有可能在日本出現。不過，在一九八二年日本有過長崎豪雨的經驗，那時候下了187毫米，依照圖中所示的傾向來看，可能也會有1小時降雨量達到200毫米的下雨強度。

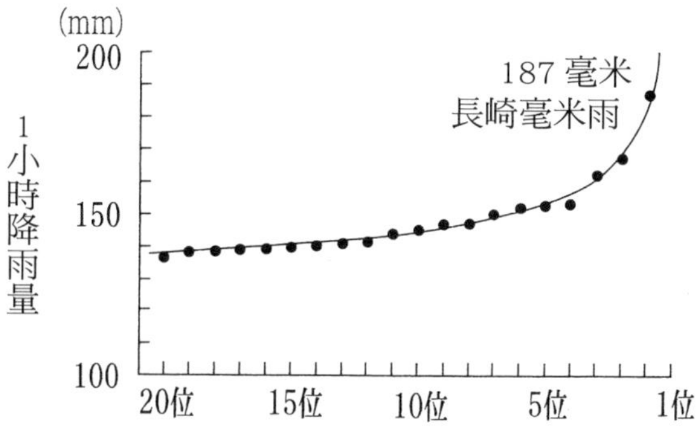

圖2.1　日本的1小時降雨量記錄　圖中所示數值爲第1名到第20名。第1名的數值指的是1982年7月在長崎降下的豪大雨。

爲什麼從空中掉落下來的雨滴有大有小？或者是爲什麼下雨的時候，雨滴不會像是瀑布那樣接二連三地落下等問題，在後面的章節都會有說明，接下來就先解說雨的兩個基本性質，雨的強度與雨滴大小分佈（粒徑分佈）之間的關係。

雨滴的大小分佈

如同前面章節所提到的，假設大水滴爲球型，以球體的半徑當作是水滴的尺寸來計算，大約是0．1到3毫米。地球上很少有水滴的大小會超過3毫米。那麼，從空中會掉下多少如此大的水滴呢？非常概略地說，1公升的空氣中大概只會有1滴那樣大小的雨滴。相對比起來，1公升的雲裡面會有100萬個小水滴。即時同樣是在空氣中的水滴，雲塊與雨滴也會因爲大小而在數量上有相當大的差異。

夏季的陣雨，會突然地先降下大雨滴，接著才會開始大量地降下小雨滴，只不過應該很少人會注意到和小雨滴比起來，大雨滴的數量很少，以及當雨勢變強時大雨滴的數量也會開始增加這兩件事情吧。世界上首次將這種陣雨的性質，以完整的方式整理出來並製表的就是馬歇爾博士及帕門博士。這個研究論文於一九四七年發表，頁數只有1頁，裡面記載的公式稱爲馬歇爾．帕門分佈（譯者註：台灣常用的名稱爲Marshall-Palmer DSD公式，DSD爲雨滴粒徑分佈的英文名稱縮寫。），這是氣象學中最有名，也是最有用的公式之一。

馬歇爾博士是加拿大人，爲非常知名的氣象學者。筆者在30歲左右時，爲了做研究在蒙特婁的麥基爾大學氣象科待了1年半的時間，那時與馬歇爾博士同一學系。馬歇爾博士除了頭腦好，筆者對他的印象深刻的地方在於，他可以像小朋友一樣純眞的觀察自然。發表研究時，有時候會因爲研究方法的關係，不自覺地以不正確的方式觀察自然，馬歐爾博士就會針對這一點提出問題，連筆者也常常因爲被馬歐爾博士指正而感到緊張。

雨滴的大小分佈（粒徑分佈）指的是，在每個單位體積（1公升或是1立方公尺）的空氣中有著多大的雨滴（半徑或是直徑），數量有多少。不過，馬歐爾．帕門粒徑分佈的公式很複雜，寫出來會很難懂，因此筆者製作了圖2．2，將馬歐爾．帕門粒徑分佈以模式分類的方式呈現。簡言之，雨的特徵是，當雨滴的直徑愈大時，雨滴的數量會銳減，且是以指數函數的方式減少，另外，雨勢變強時，大雨滴的比例也會增加（直線的傾斜度會減緩）。這種分佈方式稱爲「指數分佈」，以圖中的縱軸爲對數刻度來表示的話，就可以看到接近直線的分佈狀況。如果是瞬間降雨的話，雨滴的大小就不一定會以這種圖表所示的方式來分佈，如果是稍長時間的降雨，並取平均

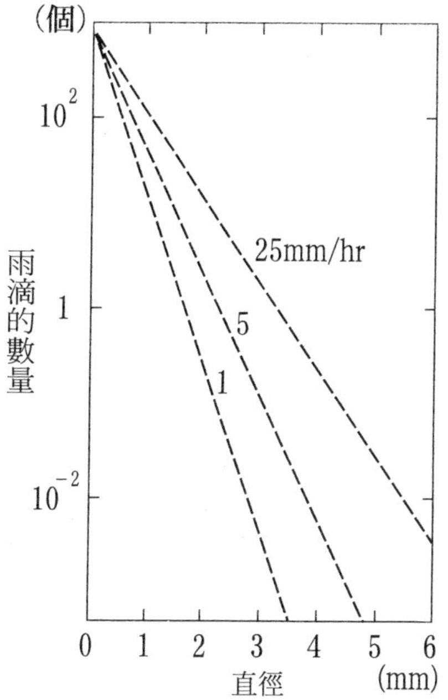

圖2.2 雨滴的粒徑分佈 縱軸標示的是，每1立方公尺的空氣中，每直徑0.1毫米雨滴的數量（例如直徑2.0毫米到2.1毫米雨滴的數量）。

值，或是將在某一個大小空間中的雨滴大小平均計算的話，大部分降雨都會呈現出圖中所示的粒徑分佈。這一個公式厲害的地方在於，只有用兩個變數就表示了雨的大小與數量之間的關係，以及其中一個變數會隨著雨的強度產生變化。

雖然不能直接以馬歇爾．帕門粒徑分佈來比喻，不過在自然界中，有很多物種具有這種大小與數量之間存在著一定程度關係性的特徵。比如說，從高空觀察的雲（特別是積雲及積雨雲）、漂浮在空氣中的微小粒子、哺乳動類或是魚之類的都是如此。減少小的東西（比如說被吃掉）來維持大的東西，這一種集團所呈現出來大小與數量的關係，就有著馬歇爾．帕門粒徑分佈的特徵。比如說各種哺乳動物中具代表性的體長與這些動物在地球上的平均族群密度之間的關係性，大致上也可以用一個公式來表示。根據這一個公式，與人類體長一樣的哺乳類，該哺乳類的平均族群密度是每1平方公里的面積會有1．4頭（匹）。但是，現在（筆者撰寫此書時爲二零零三年），以整個地球面積平均來計算，每一平方公里有36人，以日本來算，每1平方公里已經超過300人了。也可以說，人類在地球上是一種非常特殊的存在。

把話題轉回來。正確來說，並不是全部從雨雲降下來的雨滴都會以馬歇爾．帕門粒徑分佈的方式落下，馬歇爾．帕門粒徑分佈所表示的是，大部分雨滴集團的粒徑分佈會呈現接近指數函數的分布模式。這個情況也代表著雨滴具有當大雨滴或是大量小雨滴集合起來時，就會變大的性質。因此，如同前面的章節所介紹的，再加上非常大的雨滴會分裂形成大量的小雨滴，藉此維持指數函數的粒徑分佈。雖然剛剛直接了斷地講了雨滴會以指數函數的方式形成粒徑分佈，但實際上，雨滴會因爲降雨雲的性質，以及雲層裡所產生的物理現象的過程不同，使得雨滴的粒徑分佈的特徵有著些許的不同。藉著深入調查接近地面的雨滴集團中的粒徑分佈，就可以知道要降雨時，雲層裡發生了什麼事情了。

比如說三十年前，那時候還沒有像現在一樣有著非常準確的觀測儀器，筆者在以經常降雨爲名的三重縣尾鷲市以及附近的大台原作了一個調查，當時下了大約48小時的雨，筆者以5分鐘爲單位來觀測雨滴粒徑分佈的方式，藉此調查雨滴粒徑分佈的時間變化。詳細的過程就省略不提，從這次的觀測，可以推測出在尾鷲市上空，有著兩種類型的雲同時相互交換位置，並且同時通過尾鷲市的上空，其中一種類型是雲頂非常高，而且非常發達的積雨雲，另一種則是與積雨雲比起來，雲頂非常低的雲。這兩種雲形成雨滴的方式有著非常大的差異，除了知道有這兩種不同類型的雲在尾鷲市的上空形成之外，也可以推測到這兩種雲並行存在於上空時，會出現非常有效率的降雨。

以雷達來觀測降雨

對於氣象學以及氣象預報而言，透過雷達觀測到的雨的強度（降雨強度）是重要的情報。雷達是藉由透過天線發射出的電波來獲得各種訊息，當電波朝著目標發射出去時，電波抵達目標之後會反射回來，天線接收到反射回來的電波時，就可以知道雷達站與目標物之間的距離以及所在方向，總而言之，如此一來就可以知道目標在哪兒了。原本發明雷達的目的在於，是爲了在第二次世界大戰時，儘早知道敵方飛機的襲擊目標及方位，爾後也朝著這個方向持續發展下去，現今也廣泛的運用在雨的觀測中了。在調查雨滴的粒徑分佈時，其中一個重要的因素就是以雷達來觀測降雨強度（通常會以Rain intensity的R來代表降雨強度）。

雷達可以在非常短的時間內觀測到大範圍降雨強度的水平分佈，探測的性能則是會受到天線的大小等機器本身的性能以及雷達站與目標物之間的距離而產生不同的變化。一般而言，雷達都是在測量出存在於直徑１００公尺、長度也是１００公尺左右的圓筒狀空間中的雨滴集團所反射回來電波的強度。當要觀測雨滴時，反射回來的電波會因爲雨滴的大小，產生相當大的差異。再加上，目前雷達用於普通觀測時所使用的電波波長在撞到大部分的雨滴或是降雪粒子時，反射回來的電波強度會是該粒子直徑的六倍，且成一定的比例。因此，雷達是將上述空間內所有雨滴反射回來，並且是把全部的電波當作是一個電波來測量。這個反射回來的量稱爲雷達反射率因子（通常是以Z來代表），在雷達觀測上是一個最基本的量。因爲反射回來的電波會與雨滴直徑成六倍的比例，因此和很多小雨滴比起來，數量少卻形狀大的雨滴所呈現的雷達反射率因子的量會比較大。也就是說，雨滴的粒徑分佈會大大地影響到雨滴集團的Z值。

如同前面提過的，一般而言，雨勢愈強，降下來的雨滴含有大雨滴的機會也就會愈多。降雨強度（R）指的是每單位時間內降下來的雨滴集團的總水量，也是每一個雨滴的體積（與直徑成三倍比例）乘以雨滴的落下速度（直徑愈大速度愈快）的總量。意思就是，簡言之，Z值愈大，R值就愈大，R值愈大Z值就會愈大。Z與R之間的關係就稱爲Z－R關係，這對雨的研究來說是非常重要的關係。使用雷達觀測降雨，指的其實是藉著觀測觀測領域內，接近地表的Z值水平分佈，來了解R的水平分佈，也就是地表附近的降雨強度分佈。

但是，如同圖2．3所示，實際測量R值及Z值之後，就會發現兩個數值之間的關係不會停留在一條直線上。即使觀測到雨滴集團的Z值相同，只要集團不同就會出現與之前完全不一樣的R值。這數值之間的差異幾乎都是因爲雨滴集團的粒徑分佈不同所引起的。雖然雷達是一個非常優秀的機器，可以在短時間內觀測到廣大範圍的雨，但是卻存在一個大問題，那就是無法正確的從觀測到的Z值去計算出R值。但是，雷達是透過遙測（Remote Sensing）

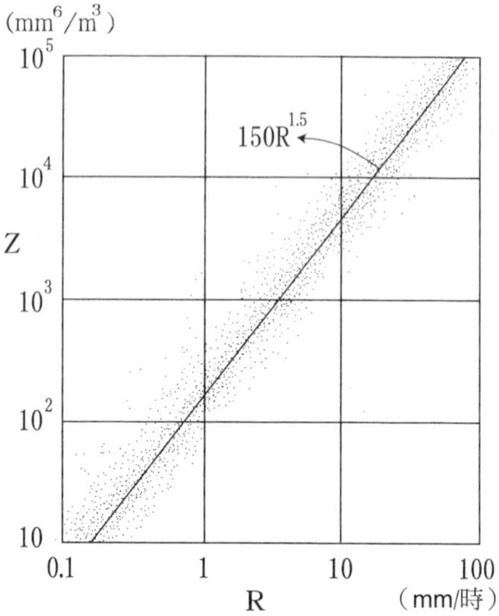

圖2.3　雷達反射率因子（Z）與降雨強度（R）的關係的觀測範例。

來進行觀測的。雖然說遠距感測器，可以不用到觀測目標的旁邊，就能夠把目標物的情報轉化成一個量值並取得該量值，而且根據觀測方式不同，有時候還能同時獲得到複數的量。但是，這種機器並無法清楚的觀測到目標物的詳細性質（這裡指的是雨滴的粒徑分佈）。這是遠距感測器的宿命，不只是雷達，透過人造衛星所進行的各種觀測也存在著這樣的問題。

如果是這樣，在雷達要觀測的區域內土地上，大量設置可以測量雨滴粒徑分佈的機器，就可以測量了吧。於是，連同日本，包含世界各地的國家，便開始著手進行這樣的試驗，不過卻遇到了如機器、方法以及經費等問題，最終無法實踐。現在最廣泛被使用的方式是，以設置於地表的雨量計所測量出來實際上的降雨強度爲基礎，再來補強修正雷達觀測出來的降雨強度。雖然設置在地表的雨量計可以相當準確地測量出當地的雨量以及降雨強度，但是問題是這些數值可以套用到多大區域的雨量及降雨強度。另一方面，即使雷達可以定量的、正確的測量出廣範圍的雨的雷達反射率因子，仍有個是否能從這個數值正確的推算出降雨強度的問題。最廣泛使用的方式就是活用兩者的優點，互相補足問題點，藉此儘可能正確地推算出廣範圍區域的降雨強度以及雨量分佈。日本氣象廳的AMeDAS（譯註：日本政府氣象廳使用的自動氣象數據採集系統，Automated Meteorological Data Acquisition System。）觀測網中，雨量的觀測方式是每17公里設置一個觀測站，是世界上首屈一指的觀測網。除了日本氣象廳之外，日本政府的國土交通省、各個地方自治體、消防署、鐵道公司以及電力公司等組織均擁有各自的雨的觀測網。每天都會使用到的雷達．AMeDAS合成雨量分佈圖，在使用雷達與雨量計做雨的觀測上而言，是世界上最優秀的工具之一。

剛剛提到了使用雷達進行的雨的觀測，在這裡順便先提一下另外兩件事情。一件事情是，當雷達電波碰到雨滴時，反射回來的強度會是成雨滴直徑比例的6倍，因此和雨滴相比起來，小到跟雲滴一樣小的小水滴數量再怎麼多，也不會反映在雷達反射率因子上。總之，即使眼睛看得到天空中的雲，對雷達電波而言，雲是透明看不到的。如同從X光片看得到身體內部的骨頭，也無法看到身體表面的皮膚是一樣的道理。不過，這幾年出現了另一種不同於現在用於偵測雨的雷達，這種雷達使用的電波波長比用於偵測雨的雷達電波短，所以用這種雷達就可以偵測雲了。

另一件事情，則是雖然現在沒有下雨，但是發射出去的雷達電波卻因爲撞到了某種東西而反射回來的這件事情。這種現象稱爲非降雨回波（通稱天使回波。譯註：台灣稱爲「異常回波（AP）」，通稱「鬼波」），是一種非常有趣的現象。以回波的方式呈現在雷達上，可以觀測到的是鳥、昆蟲或是空氣中的亂流。雖然會因爲目標物之間的距離產生不同的結果，基本上，只要是含有水份的昆蟲，存在於雷達偵測範圍內，也就是只要是在直徑100公尺，長度100公尺左右的圓筒形狀的空間內有一隻昆蟲，在雷達上也會觀測到回波。但因爲這是眼睛看不到，雷達上面卻有看到回波，所以當初才命名爲天使的回波吧。是個非常夢幻的命名。筆者也曾經和研究所的學生們一起做過天使回波的觀測，那時候新聞曾經報導過筆者們的觀測，說是在觀察UFO（不明飛行物），有一家報社甚至還把筆者們的觀測跟粉紅淑女的UFO（譯註：粉紅淑女是日本流行團體，活躍於日本70年代～80年代之間。UFO是粉紅淑女成名曲之一。）的新聞放在一起介紹。這是一件很奇妙卻又很有趣的回憶。特別有趣的地方在於，不只是用於觀測雨，現在世界各地都有使用雷達來觀測跟調查鳥及昆蟲的研究。

雨滴粒徑分佈的檢測

透過雨滴的粒徑分佈，就可以知道雨滴在上空是經歷過哪些事情才變成雨滴的，這對研究者而言是非常有用的情報，因此從以前開始就有非常多的研究者挑戰檢測方式的開發。筆者和筆者的學生也是衆多挑戰者中的一份子，對於志在研究雨的人們而言，每個人想要找看看有無方法可以簡單的，自動檢測出雨滴粒徑分佈的方法。到現在爲止，這樣的開發仍持續進行中。不論是雨勢大或小，均能使用同一個方法檢測，就是一個好的檢測方法的最大重點。

在早期的時候，曾使用過一個很有趣的方法，就是先準備小麥麵粉之類的粉狀物，再把這個粉狀物拿去淋雨，雨滴滴下來的衝擊力會在這些粉上面形成小團子，接著再拿網目大小不一樣的篩子來過篩，最後就是分大小來計算數量的多寡。後來經常使用的方法是染色濾紙法，這是筆者很常使用，也非常簡單的好方法。首先，把稱爲亞甲藍（或是苯胺藍）的化學物質磨碎，倒入苯裡面攪拌使其融化，再把濾紙浸泡到溶液中，最後再把濾紙拿出來風乾，如此就完成了。當水滴滴到這個濾紙上面時，就可以看到白色的濾紙上面出現了藍色的水滴痕跡，接著再拿孔徑不一樣大小的針筒來測試，試試看大小不同的水滴會在濾紙上面呈現多大的痕跡。因爲水滴的大小是透過針筒來控制的，所以一開始就已經固定好水滴的大小，這時候只要去比對水滴的大小以及痕跡的大小，當實測時，就可以簡單的測量出雨滴的粒徑分佈了。當然，這個方法的重點在於要選擇固定材質的濾紙，如此才不會因爲材質不同而造成大小不同的痕跡。

染色濾紙法最大的優點在於，觀測者可以根據雨勢大小、方向的不同，改變濾紙的擺放方式。比如說下小雨時，就稍微在雨中放久一點；下大雨時就可以縮短時間，或是風大到讓雨變成斜著下的時候，可以順著雨的方向改變濾紙的方向等等。前面提到過的，在三重縣尾鷲市以及大台原所進行的雨的觀測就是如此，每五分鐘就把濾紙拿去淋雨，這個動作總共進行了48小時。這個方法非常簡便，任何人都可以做。而且，這個名爲亞甲藍的化學物質效果非常好，用掏耳器大小的器具挖幾匙就可以做幾百張濾紙。只不過，在製作濾紙時若沒有事先做好防護措施的話，例如戴口罩以及穿上實驗衣的話，做完之後就會發現鼻孔跟衣服都會變成藍色。

電子學開始發展之後，在開發新的雨的觀測方式上，也出現了導入電子學的觀測方式。其中最具代表性的方式之一，就是利用電來測量當雨滴經過投射出來的光線時所製造出來的影子大小，只不過現在已經很少見到了。現在最常使用的方法是類似麥克風的方法。它是藉由把雨滴落下來的壓力轉變成電子訊號的方式來收集資料，因爲雨滴大小不同所造成的壓力也會不同，所以透過訊號處理，就可以很簡單、快速的知道雨滴的粒徑分佈。但是，這種測量方法還是會有無法測量雨滴的形狀，大雨滴下下來的時候會把小雨滴的聲音蓋過去等缺點，以及同樣大小的雨滴會因爲風的影響，導致撞擊到麥克風時的力道不一樣的弱點。各位可以想像一下，當撐傘時，光聽聲音就可以大概知道是下雨，還是咚咚咚的下霰，或者是輕飄飄的下雪吧?筆者年輕的時候，在思考如何用麥克風來測量雨滴粒徑分佈時，也曾經想過各式各樣的方法看是否能分辨出雨滴的大小，最終還是無法完成。到現在，也都沒有聽到有人發明出更好的機器。

直到最近，有人開發出使用兩台攝影機直接拍攝雨滴照片的裝置。這個裝置可以同時測量十公分立方中落下水滴個體的落下速度以及形狀，也可以即時看到雨滴因爲大小不同在落下時產生的變化。也許到現在這還是個很廉價的裝置，但是除了雷達和雨量計之外，如果可以大量設置這種裝置，再互相搭配的話，就可以更準確的修正雷達的觀測資料，除此之外，同時也可以期待透過把這些資料統整起來做有效運用時，就可以更深入的理解雨及雲的科學有趣的地方了。

第三章　會下雨的雲和不會下雨的雲

本章節的重點將會以爲什麼雲會分成容易下雨的雲跟不容易下雨的雲爲中心，講述雲以及雨的基本性質。如果是平常很少認眞注意過雲的人，不知道有沒有留意過，如果是在海邊看雲，不管是積雲或者是濃積雲那樣子雲浪滾滾的雲，還是不太高的雲都會下雨，可是在陸地上時，不管雲的高度變得多高都不會下雨，這兩種截然不同的狀況，而且感到很不可思議呢？

雲滴及雨滴

首先，非常簡單地說明雨從雲降下來這件事。雲滴和雨滴同樣都是水滴，但是雲滴與前面提到的雨滴，在特徵上有著相當大的差異。雲滴是組成雲的物質，非常非常的小，大多數雲滴的大小半徑會落在０．００１毫米（１微觀）０．０１毫米（10微觀），不過因爲前面提過半徑０．１毫米以上的水滴就是雨滴，因此也可以說半徑大小０．１毫米以下的就是雲滴。搞不好也可以說大小接近０．１毫米的水滴就是巨大雲滴也說不定。這裡請各位要特別注意的地方是，假設半徑０．０１毫米的雲滴是典型的雲滴，半徑１毫米的雨滴是典型的雨滴，那麼雨滴的半徑就會是雲滴的１００倍的這件事情（圖３．１）。而水滴的體積會與半徑成3倍的比例，總之，如果是要比體積，也就是含有的水量的話，雨滴會比雲滴大上１００萬倍。所以，雨從雲層裡降下就是指在非常非常小的雲滴集團中，凝結出如此大的水滴之後再落下的意思。

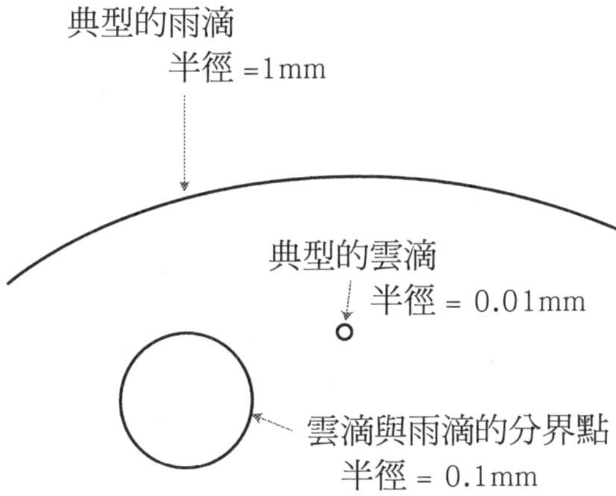

圖３．１　典型的雲滴與雨滴大小的比較圖

在前面的章節中已經提過，１公升的空氣裡面，大概只有會１個左右的雨滴，雖然如此，實際上是1立方公尺（１千公升）的空氣中大概會有10個到１０００個左右的雨滴。如果是雲滴的話，１立方公分的空氣裡面則是會有10個到１０００個，有時候有的雲甚至會含有超過數千個雲滴。１立方公尺等於１００立方公分，所以假設１立方公分裡含有的典型雲滴爲１０００個，那麼雲滴的數量就會剛好是雨滴的１００萬倍。總之，在這麼多的雲滴裡面的那1個水滴就是雨滴。換句話說，100萬個雲滴集合在一起才會變成雨滴，或者也可以說，100萬個雲滴裡面只有1個雲滴會出現變大成長的現象，而這個現象的結果就是雨滴。所謂的雨從雲層裡降下來，指的就是這一種現象。所謂的容易下雨的雲，指的就是容易發生這種現象的雲，而不容易下雨的雲，指的就是不容易發生這種現象的雲。然後，地球中的雲以及雨最有趣的地方在於，控制容不容易下雨的，是由比雲滴還要再更小，半徑從0．0001毫米（0．1微觀）到0．001毫米（1微觀），存在於大氣中的微小粒子所控制的（有些粒子更小，也有的會更大）。

在研究雲的初期時，關於控制容不容易下雨的機制，曾聽過一種說法，就是容不容易下雨這件事情是一種「膠質的不穩定性」，雖然現在甚少聽到了。所指的是，雨從雲層裡降下來這個現象，就像是試管裡面的膠質起化學反應時，有時候會突然開始沈澱一樣。實際上，英文中指雨或雪的降雨現象的單字就是「precipitation」，這個單字的另一個意思就是沈澱的意思。膠質狀的雲沈澱下來的物質就是雨，這個想法眞的很有趣。

雲的種類

當筆者在教授關於雲的課程，或是在演講關於雲的時候，經常會被問到「為什麼雲有那麼多形狀呢？」。成片狀的雲、塊狀的雲、像花椰菜那樣凹凹凸凸的雲、像是用刷子刷上天空的雲等等，雲的形狀真的是非常的多樣。而且有些雲的變化是非常激烈的，同時也有些雲不怎麼改變形狀。接下來要說明的部分可能會稍微有點難懂，但還是先簡單的說明雲是如何形成的。

地球上大部分的雲都是由含有水蒸氣的空氣上升到高空之後所形成的。雲的形狀會在空氣上升時，根據那個空氣團的大小、形狀以及上升速度快慢形成一個概略的形狀，接著會依據形成這朵雲的物質是像雲滴的水滴，還是像雪結晶一樣的冰晶，這兩者之間的差異讓雲產生細微的變化。在天空中滾滾翻動的雲，則是經由像吹泡泡一樣的空氣不斷地上升到天空中，才會形成滾滾翻動的樣子。

一般而言，空氣塊上升時，高度愈高溫度就會愈低，同時氣壓也會愈低。因爲空氣是從氣壓高的地方上升到氣壓低的地方，所以空氣塊會理所當然的膨脹，膨脹時會強硬的把周圍的空氣推展開，同時也會消費原本空氣塊裡面擁有的能量，也就是說此時整個空氣塊的溫度會下降。這種現象稱爲「絕熱膨脹冷卻」。空氣下降時，則會出現絕熱壓縮現象，溫度會開始上升。空氣中可以含有的水蒸氣量（正確而言，是水蒸氣壓）會因爲氣溫上升而提高，因此含有水蒸氣的空氣塊上升時會開始膨脹冷卻，剛剛也提到了上升就會冷卻，冷卻就會降低空氣可以含有的水蒸氣量，因此當溫度降下時，無法再繼續留在空氣塊中的水蒸氣就會變成液態的小水滴，也就是變成了雲滴了。有些人會把水蒸氣和霧氣（譯者註解：肉眼可見的液態水）的意思混在一起，但其實水蒸氣是一種眼睛看不見的氣體，肉眼可見的霧氣是和雲一樣，是大量水滴集結而成的集團。

接著，空氣塊是如何在大氣中上升的，大致上可以分成兩種類型。一個是像是在浴室或是煮水時產生的對流那樣，相對於周圍，溫度比較暖且比較輕的空氣就會上升，這種空氣塊上升時的速度會介於每秒數公尺到數十公尺之間，速度上算是非常快的。這種空氣塊接連著上升到空中之後，所形成的雲稱為對流雲或是對流性雲。以雲的種類而言，積雲以及積雨雲就是屬於對流雲。有對流雲的地方經常會出現強降雨。

另一種類型則是大規模的空氣在大範圍的區域內出現緩慢上升的情況，那些空氣是因為（氣象學中的）擾動現象，如低氣壓或是鋒面等現象干擾，使得這些空氣被強制地往上升。上升速度為每秒數公分到數十公分，相當地緩慢。由這種空氣形成的雲稱為層狀雲或是層狀性雲，降雨時大多雨勢不強，也經常會出現大範圍降雨。以雲的種類而言，則會由雲生成的高度分別稱為層雲、高層雲以及捲層雲，另外，如果雲層裡含有部分類似空氣塊上升時所產生的對流空氣時，那種雲就會稱為層積雲、高積雲以及卷積雲。這些雲，再加上像是用刷子

表3.1　十種雲屬（譯註：此爲日本的分類方式，台灣的分類方式爲四種雲族，十種雲屬。）

雲的種類			高度（公尺）
層狀雲	上層雲	捲雲 卷積雲 捲層雲	6000 以上
	中層雲	高層雲 高積雲	2000 ～ 6000
	下層雲	層積雲	2000 以下
		積雲 雨層雲	300 或是 600 以下
對流雲	積　雲		600 ～ 6000 或是更高
	積雨雲		有時候會爬升到 12000

刷上天空的捲雲，以及因爲常降雨，經常被稱爲雨雲的雨層雲，總共有10種不同的雲，以氣象學而言，就是10種雲屬（3．1）。

只有凝結不會形成雨滴

接下來要講述的都是積雲，基本上和其他種類的雲相同。雖然說只要知道雲是由上升的空氣塊所形成的應該就可以理解，但就如圖3．2所表示的，雲底指的是空氣塊上升時，空氣塊中一部分的水蒸氣開始凝結變成雲滴的高度（也稱爲凝結高度）。在雲底中的雲滴並不是一直由同一個雲滴集團所構成，而是由不停上升上來的空氣塊中的雲滴集團交替形成的。因此，雲之所以會看起來浮浮沉沉的，就是因爲形成雲的雲滴是一種非常小的水滴，即使這個水滴與周圍的空氣相比之下，是處於正在掉落中的狀態，但是雲看起來卻沒

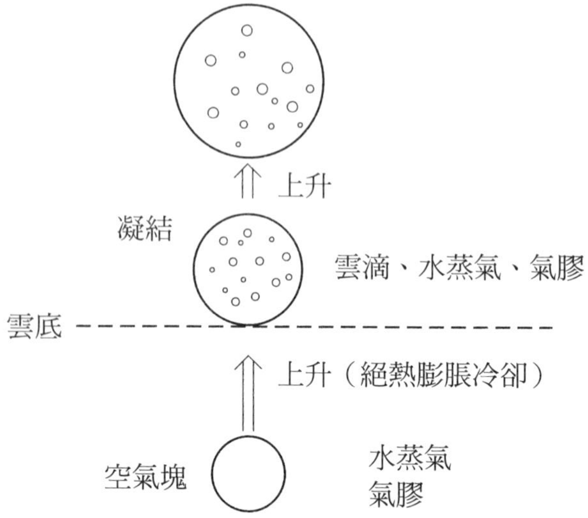

圖3.2　絕熱上升時，空氣塊的變化　空氣塊會隨著上升而冷卻，裡面的水蒸氣會凝結形成雲滴。

有掉落下去而是浮在空中的景象，就是基於這個原理。

水蒸氣形成雲滴的這一個現象非常複雜，但是這是一個非常重要的過程，因此會放在本章節的最後進行說明，這裡先簡單提一件事情：在雲底形成的雲滴會和上升中的空氣塊一起上升到雲層裡。空氣塊也一樣會隨著高度提高而開始膨脹冷卻，無法繼續留存在空氣塊中的水蒸氣就會開始接連著轉變成液態水。雖然有時候那些新形成的水也會變成新的雲滴，但是大部分的水都會凝結在原本既有的雲滴上，讓雲滴變得更大。在日常生活中，凝結的這一個現象算是蠻常見的，最常見的應該是出現在各種各式各樣物品上面的露水吧。就跟露水一樣，水蒸氣凝結在雲滴上，讓雲滴變大的速度會受到雲滴本身的溫度、雲滴周圍空氣的溫度以及水蒸氣的量相當大的影響。實際上，除了這些之外，雲滴變大的過程中，溶解在雲滴中的化學物質的種類以及數量也有著非常重要的影響力。

雲滴之所以是球形的，是因爲雲滴內部的水分子會互相牽引（表面張力），所以雲滴的形狀會變成盡可能地縮小表面積的樣子，只不過小雲滴裡面的水分子數量非常少，和大雲滴相比起來，小雲滴中的水分子會非常容易地跑出雲滴外。水滴不會變小、也不會變大的這個狀態指的是，從外面進入雲滴的水分子（凝結）和跑出雲滴的水分子（蒸發）數量是平衡一致的，如果要讓比較小的雲滴變大，就要讓小雲滴處於空氣的水蒸氣含量高的地方。也就是說，如果要讓小雲滴變大，空氣中的水蒸氣含量要大，所需要的相對濕度也相當的高（實際上需要稍微超過１００％）。

另一方面，和純水的雲滴相比起來，含有硫酸、硫酸銨或是氯化鈉等等化學物質的雲滴，會因爲含有這些化學物質使得水分子不容易脫離雲滴。也就是說，即使周圍空氣中的水蒸氣分子不多，這種雲滴也會因爲凝結而成長變大。含有水蒸氣和雲滴的空氣塊上升時，無法繼續留存在空氣塊中的水蒸氣會開始凝結變成液態水。雲滴會因爲大小、含有化學物質以及含有的化學物質量不同，產生不同的成長速度，並且開始成長變大，雲滴變大的意思指的就是消費開始凝結變成水的水蒸氣，也可以說是雲滴是透過互相爭奪水蒸氣來讓自己變大的。

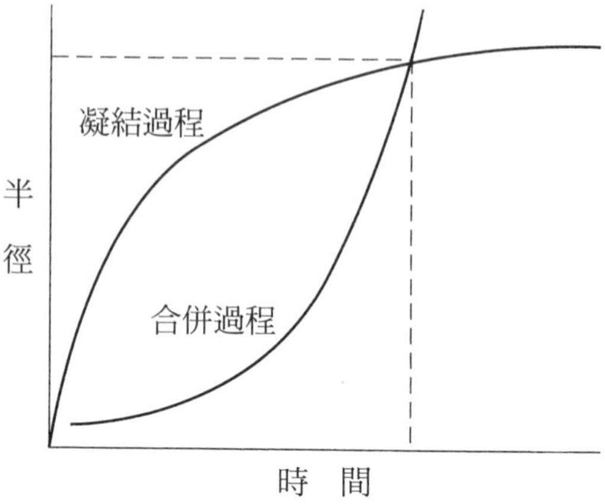

圖3.3　水滴的成長速度　圖為表示水蒸氣藉由凝結的成長與水滴之間藉由碰撞－合併來成長的速度差異。

但是，只靠凝結就讓雲滴成長到雨滴大小是一件不合乎現實的事情。雲滴藉由凝結成長指的是雲滴是透過周圍的水分子，而且是與雲滴表面積成比例（與半徑成２倍的比例），來讓雲滴的體積（與半徑成３倍的比例）變大的一種現象。雖然與其他有關，不過雲滴的半徑增加速度（成長速度）原本是會隨著時間加速，在成長之後則會隨著雲滴的半徑增加而開始減緩。圖３．３是簡單示意圖。總而言之，如果只仰賴凝結讓雲滴成長到水滴的大小，就會需要非常非常長的時間。假設雲層裡已經有一定程度上的水蒸氣含量，要讓半徑０．００１毫米的雲滴成長成半徑０．１毫米的雨滴的話，大約需要３小時，如果是要成長到半徑１毫米的雨滴，則大約需要兩週左右的時間。

雨滴是透過碰撞—合併形成的

雲滴與雨滴相比起來，落下的速度相當緩慢，但也是一樣會依照雲滴的大小，以不同的速度在空氣中落下。在雲層裡，大部分的雲滴會因爲上升的空氣塊而往上移動，所以相對於空氣而言，雲滴是屬於落下的狀態。愈大的雲滴掉落速度愈快，所以大雲滴就會追上相對掉落速度較慢的小雲滴。從大雲滴的角度來看，因爲大小雲滴落下速度的差異，看起來就像是小雲滴往上碰撞過來的。藉由這個碰撞，大小雲滴就會黏在一起（合併）變成更大的雲滴。

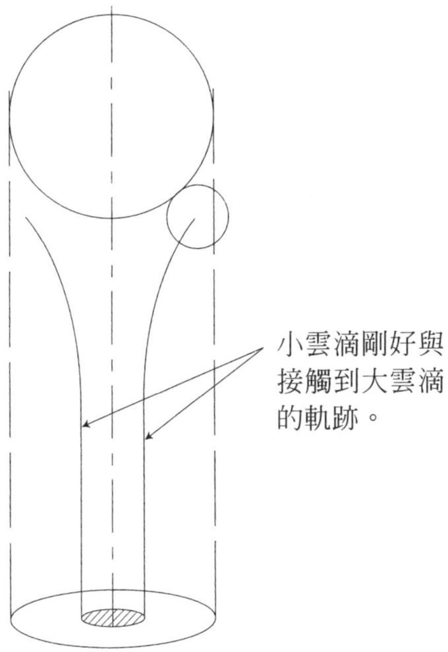

圖3.4 大雲滴掉落時與小雲滴合併時的樣子

對於雲滴的成長而言，碰撞—合併是非常重要的，碰撞率會隨著雲滴的大小而改變，而且同時也會影響到形成的雲是容易下雨的雲還是不容易下雨的雲。接著，爲了能簡單說明碰撞率，先假設小雲滴都是一樣的大小，落下速度也都一樣，如圖3．4所示，小雲滴和大雲滴處於相對的位置（正在落下的大雲滴看起來就像是停住一樣），空氣會以等同於大雲滴的掉落速度往大雲滴流動過去，小雲滴則會搭上往大雲滴的空氣，一起往大雲滴的方向移動，最後以與大雲滴落下速度之間的差異速度與大雲滴碰撞。但是，從圖中可以得知，空氣流動會沿著大雲滴的周圍繞行而過。因此，假設大雲滴掉落的方向是一個空氣圓筒，而且這一個空氣圓筒的截面積與大雲滴的直徑相同的話，並不是所有空氣中的小雲滴都會撞上大雲滴，而是只有位於截面積更小的圓筒形空氣內的小雲滴才會隨著空氣的流動（慣性）撞上大雲滴。這裡講的東西稍微比較專門一些，碰撞率指的就是圓筒形的截面積比上大雲滴的截面積比率，大多時候都是1．0以下。

這個碰撞率會與受到大雲滴周邊空氣流動影響所產生的大雲滴與小雲滴之間的落下速度差，以及小雲滴在大雲滴周邊如何順著空氣流動有關。總而言之，碰撞率與小雲滴的慣性（會受到小雲滴的質量影響）息息相關。簡言之，就是會由大雲滴和小雲滴的大小來決定碰撞率。從圖3．4中應該也能推測得出來，這裡有一個大重點，那就是根據大雲滴和小雲滴的大小關係，有時候小雲滴會因為過於順著空氣流動，而不會跟大雲滴產生碰撞，如此一來，大雲滴就不會因為碰撞—合併而成長了。然而，這一個變化就會關係到這個雲是容易降雨的雲，還是不容易降雨的雲了。如果雲滴的半徑沒有超過0．02毫米以上的話，即使會與小雲滴產生慣性碰撞，但無法達到足夠落下速度的關係，所以小雲滴會和這個大小以上的大雲滴產生碰撞，但不會與未達到這個大小的大雲滴產生碰撞。也就是說，如果雲層裡沒有超過0．02毫米以上的雲滴，就不會出現雲滴的碰撞—合併，雲滴也就不會成長了（雖然根據最近的研究，這個產生碰撞—合併的臨界值有些許的修正，但是本質上是沒有改變的）。

關於雲滴透過碰撞—合併來成長這一個現象，還有另一個很重要的事情：剛剛有提到雲滴透過凝結變大的速度，在起初會和半徑變大時一起隨著時間變快而加速，等到雲滴大到一定程度時就會開始急速的減緩，和這個速度相比，碰撞—合併的成長的速度，就如圖3．3所示，雲滴的成長速度會和雲滴的大小一起加速變快。這是因為碰撞—合併所影響的雲滴成長速度會受到大雲滴的截面積（與半徑成兩倍的比例）以及大雲滴的落下速度（如果是雲滴程度的大小的話，會和半徑一起變大）的影響。概略地解釋的話，半徑0．02毫米的雲滴透過碰撞—合併成長到半徑0．1毫米的過程中，有80％的時間都花在從半徑0．02毫米的雲滴成長到半徑0．04毫米的區間。也就是說，從0．04毫米成長到0．1毫米所花的時間，只佔整個成長時間中的20％。

如同剛剛所提到的，雲層裡如果存在著半徑0．02毫米以上，甚至是半徑0．04毫米以上的雲滴，或著是容易製造出這種雲滴的雲，就是可以有效率地造雨，也就代表著容易下雨。之所以海邊的積雲會有著當出現20分鐘左右就開始下雨的現象，就是因爲海邊容易形成比較大的雲滴的關係。雖然第五章會提到人造雨，但這裡稍微提一下最簡單的人造雨方式，就是開著飛機在雲上灑水。這個方法現在也經常在實行，只要灑出去的水可以製造出大量半徑0．02毫米以上的水滴的話，那些水滴就會變成製造雨滴的源頭。前面提到的，藉由連鎖反應引起的降雨方法，就是要利用大雨滴分裂之後製造出這些大雲滴來引起降雨的。

另外，到目前爲止雖然講述了雲滴透過碰撞—合併成長成雨滴大小的過程，不過，雨滴也會和雲滴或者是小雨滴合併變大，其成長的原理與雲滴的碰撞—合併原理基本上是一樣的。從圖3．3可以得知，其成長速度是相當快速的。換言之，只要在雲層裡形成上述所提到的到達臨界點大小的大雲滴，就可以知道接下來會在短時間內下雨了。

雲滴是從小種子開始形成的

雲滴的大小沒有超過0．02毫米的話，就不會出現碰撞—合併現象，也就不會成長變大，換言之，就是要光靠凝結製造出這個大小的雲滴才行。地球上雨的科學的有趣之處在於，影響雲滴的形成或是凝結成長最大的因素，不在於水，而是各種物質的微小粒子。如果空氣中完全沒有各式各樣的微小粒子，非常乾淨的話，水蒸氣凝結變成雲滴的這個現象將難以出現。若是如此，首先空氣中的水分子必須要互相碰撞集合在一起變成爲小水滴，只是這個現象非常地不穩定，即使微小水滴形成了，水滴內的水分子也會在短時間內飛離水滴進到空氣中；水分子好不容易集合在一起形成了微小水滴，這個微小水滴也會馬上消失不見。如果要讓這個小水滴形成之後可以穩定地存在，空氣中就必須要有很多水分子。例如，要讓半徑一百萬分之一毫米的微小水滴穩定地存在的話，空氣中就必須要有非常非常多的水蒸氣，以平常使用的相對濕度而言，必須要有３００％以上才行。在乾淨的空氣中要製造出純水的雲滴就是如此地困難。

但是，當空氣中出現稱爲吸濕性微粒子的微小粒子時，空氣中的水分子就會吸附在那個微小粒子上。此時產生出來的水滴就不會是前述的純水微小水滴，而是溶解有構成微小粒子的化學物質的微小液體。這種微小液體處於濕度１００％以下的地方也能穩定地存在著，在就算濕度稍微超過１００％的地方也可以透過凝結開始成長。此時，雲滴就會形成，並且開始成長。爲了要在空氣中形成雲滴，就必須要有吸濕性微小粒子。因爲這些微小粒子會變成形成雲滴的核，所以稱爲雲核或是雲凝結核。日常上應該大家都曾經歷過大氣潮濕，天空霧濛濛，可視距離不好的時候，其實那是因爲大氣中的吸濕性微小粒子即使沒有變成雲滴，也會吸收空氣中的水蒸氣而膨脹，讓太陽光無法通過的緣故。

在地球上，經常變成雲凝結核且最具代表性的吸濕性微小粒子是氯化鈉、硫酸以及硫酸銨的微小粒子。氯化鈉的微小粒子大多是海浪打上空氣中的飛沫所形成的。硫酸或是硫酸銨所形成的微小粒子則大多是陸地上形成，且有各式各樣的因素會形成這種微小粒子。圖3．5是在名古屋市上空採集的硫酸銨的電子顯微鏡照片。最引人注目的地方在於，最近的研究指出，海中浮游生物在活動時釋放出來的甲基磺酸等有機琉化合物，會在空氣中進行各種化學反應之後形成硫酸粒子。有趣之處在於，爲了要製造出雲滴，會需要水以外的化學物質來形成水滴，而那些化學物質，有一部分是由海中的浮游生物，也就是微生物所製造出來的。

因爲吸濕性微小粒子會變成核形成雲滴的關係，所以雲的內部，特別是接近雲底的雲滴數密度以及雲滴的粒徑分佈其實會受到空氣中有多大的雲凝結核、那些雲凝結核是由何種化學物質構成，以及那些雲凝結核的數密度所控制。雲滴有無法透過碰撞－合併成長變大，雲裡面有沒有半徑超過0．02毫米的雲滴，而容不容易下雨也是看雲裡面有沒有半徑超過0．02毫米的雲滴所決定的，但是這些事情其實都要看最初雲裡面到底有沒有那些比雲滴還要再更小的吸濕性微小粒子存在，若是沒有的話，這些事情都不會發生。

雨滴是由大雲滴所形成的，爲了要單純只靠凝結就形成大雲滴，就必須要有以下幾個必要條件。其中一個條件是，一開始就要有大雲凝結核的存在。因爲如果雲滴中含有化學物質，而且濃度高的話，雲滴透過凝結成長的速度也會比較快，所以也可以認爲一開始就有大雲滴的話，即可製造出半徑0・02毫米以上的雲滴。另一個條件是，空氣中的雲滴核數量密度是少的。也就是說，雲層裡的雲滴數量密度是少的。因爲當空氣塊上升冷卻時，無法再繼續待在空氣塊中的水蒸氣開始凝結變成水時，雲滴的數量愈少，雲滴就會長得愈大。這就跟相同的食物量，在人數少的時候，每個人能吃到的量會比較多的意思完全一樣。

在前面的章節有提到，海邊的積雲就算高度不高，經常會在短時間內開始降雨，這是因爲一般而言，海上的雲凝結核的數量密度比較小的緣故。雲滴的數量大多會是在1平方公分有數十個左右。和海上的數量相比，陸地上的雲凝結核數量則

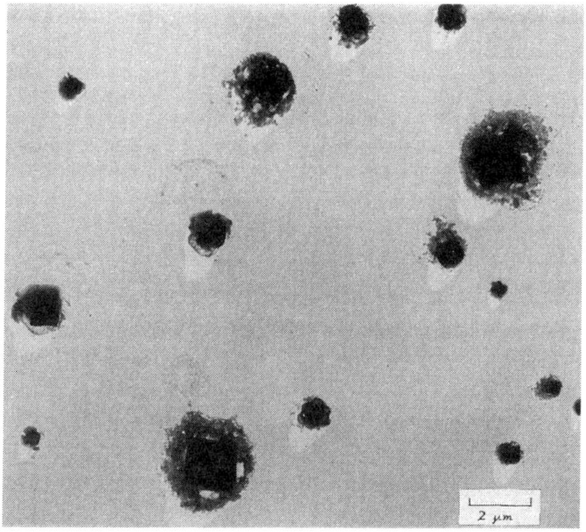

圖3.5　在空氣中所採集到的硫酸銨粒子的電子顯微鏡照片

會多出1個零，1平方公分的空氣中約含有數百個雲凝結核，有時候甚至會超過上千個。當雲凝結核的數量這麼多的時候，就算是出現像濃積雲那樣很高的積雲，雲層裡也不會出現雲滴的碰撞—合併，也就不容易降雨了。

如同剛剛所提到的，只要雲層裡雲凝結核的粒徑分佈或是數量密度適當的話，就算是厚度不厚的雲也會出現降雨現象。雖然雲層裡經常會製造出各式各樣的冰粒子，但是有時候也會出現雲層裡沒有冰粒子卻降雨的情況，在氣象學，這種現象稱爲「暖雨」。含有水蒸氣及吸濕性微小粒子的空氣塊上升到空中變成雲，接著開始下雨的這個現象，其實是一個非常複雜，且與很多發生在微觀大小的各種現象息息相關，例如空氣塊中的微小粒子，有哪些會變成雲滴？當那些微小粒子變成雲滴之後，又會呈現什麼樣子的粒徑分佈？這些粒徑分佈經過凝結之後，又產生哪些變化？碰撞—合併什麼時候會開始？要如何做才能有效率的降雨等等。即使用了好幾架飛機飛上天空去觀測，也無法完整地調查這一部分現象的始末。

從一九四零年代開始就有透過電腦的數值計算來調查這些現象，現代的電腦科技更加強大的關係，已經可以運用數值來模擬，更詳細的調查整體的雲了。具體的例子就如圖3·6所示。關於雲的數值計算非常地複雜，已經可以跟重現整個地球氣候數值模擬，或是跟預測一天到一週後天氣預報所需要的數值計算相比擬了。說實在的，可以詳細調查雲整體的微觀

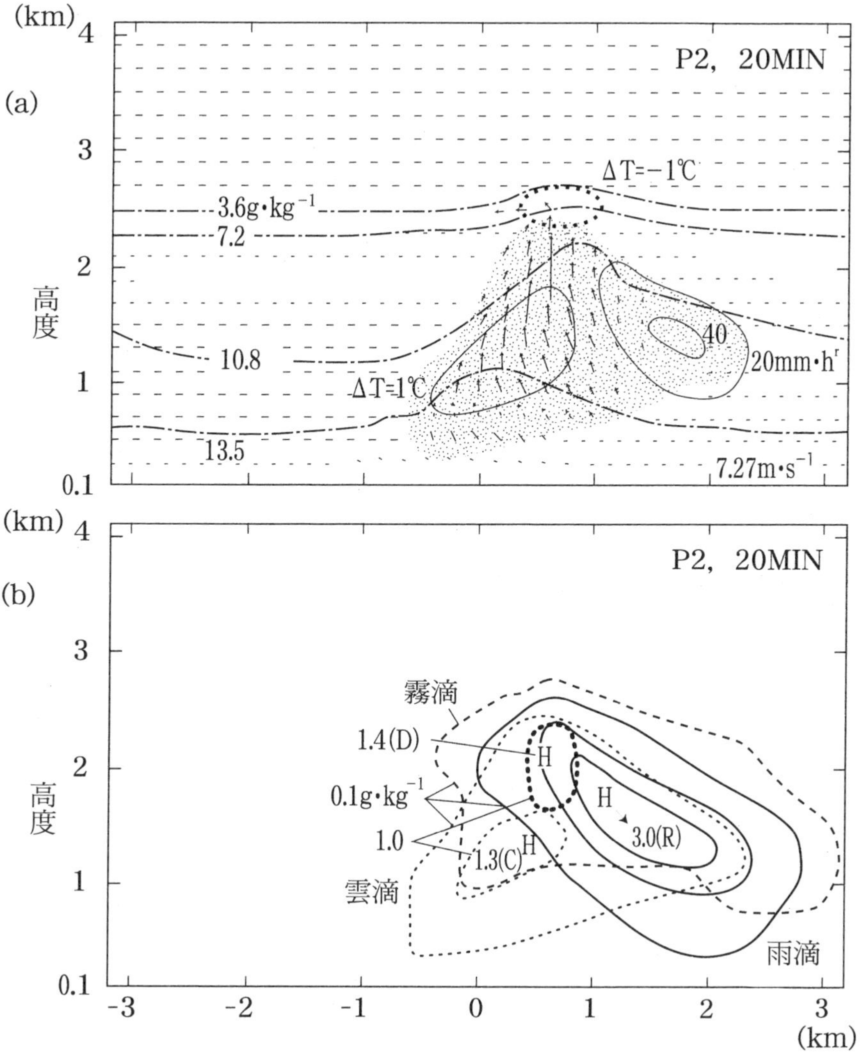

位於拋物線型風場中的雲的成長

(a)：風向流動圖，(b)：混合比，⋯⋯是雲滴，- - -是霧滴，——是雨滴。

圖3・6　由電腦模擬重現出來的雲　圖中是用混合比（1公斤的空氣中的公克數）來表示雲滴、霧滴以及雨滴的分佈。引用自高橋（1981）。

現象這件事，對於雨的科學而言不僅是非常重要的研究，就如同接下來第五章會提到的，這也是現今理解地球溫暖化問題的基礎之一，其重要性不可言喻。

第四章　大部分的雨都是融化後的雪

會以雪的方式降下來？還是變成雨？

如同前面章節講述過的暖雨，扣除掉雲滴經過碰撞─合併之後有效率形成雨滴的情況，地球上，特別是大部分陸地上的降雨，都是上空中所形成的降雪粒子在掉落的過程中融化變成雨滴的。而且這些大雨滴在空中開始掉落時，原本都是大冰雹或是雪片。

筆者經常被問到「爲什麼在炎熱的夏天會下冰雹？」，這是因爲在夏天裡會出現容易製造出大冰雹的雲，而且當這個雲發達之後，雲中所製造出來的冰雹在落到地表爲止都沒有完全融化的緣故。

預測接下來降至地表的，會是以原本雪的樣子，還是會變成雨降下來，這個預報結果不只是對交通，對日常生活而言都是一件非常重要的事情，雖說如此，這個預報也不是一件簡單的事情。當然預測溫度下降的程度也是一件很困難的事情，但困難之處在於，並不是說溫度愈低就愈容易出現地表降雪的情形，就如圖4．1所示，會下的是雪，是雨還是霙（混雜

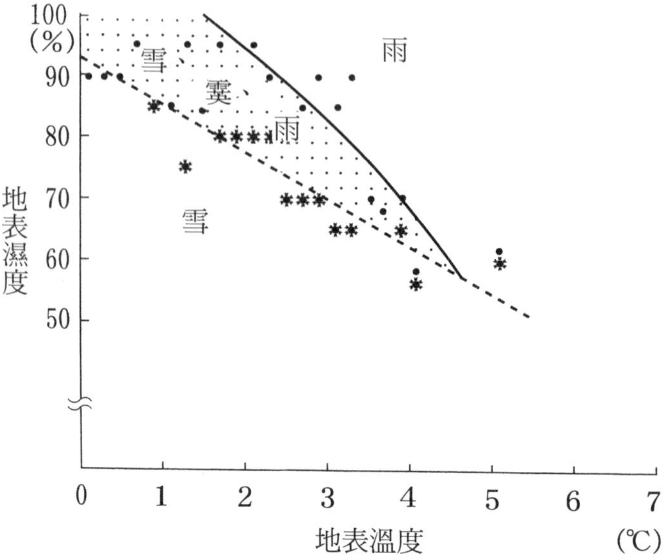

圖4・1　雨、霙、雪與地表氣溫、地表濕度之間的關係　引用自松尾・佐粧・佐藤（1981）

著雪的雨勢），其實與降下途中的濕度也有關係。如果降下途中的空氣是很乾燥的，那麼雪粒子以及雨滴在下降的途中就會開始順勢蒸發，蒸發時會吸收熱，於是粒子的溫度和周圍空氣就會同時開始降溫，因此，後面降下的雪粒子就不會在降落途中融化，而變得比較容易以雪的姿態抵達地表了。

雪粒子的類型與大小

雨滴的外觀差距只有大小差異而已，但是雪粒子不同，實際上雪粒子有美麗的結晶、霰、冰雹及雪片等，各式各樣的類型和形狀。圖4・2是用比較好理解的方式，將雪粒子複雜的類型及形狀進行分類之後的示意圖。從研究雨的科學的立場來看，雪粒

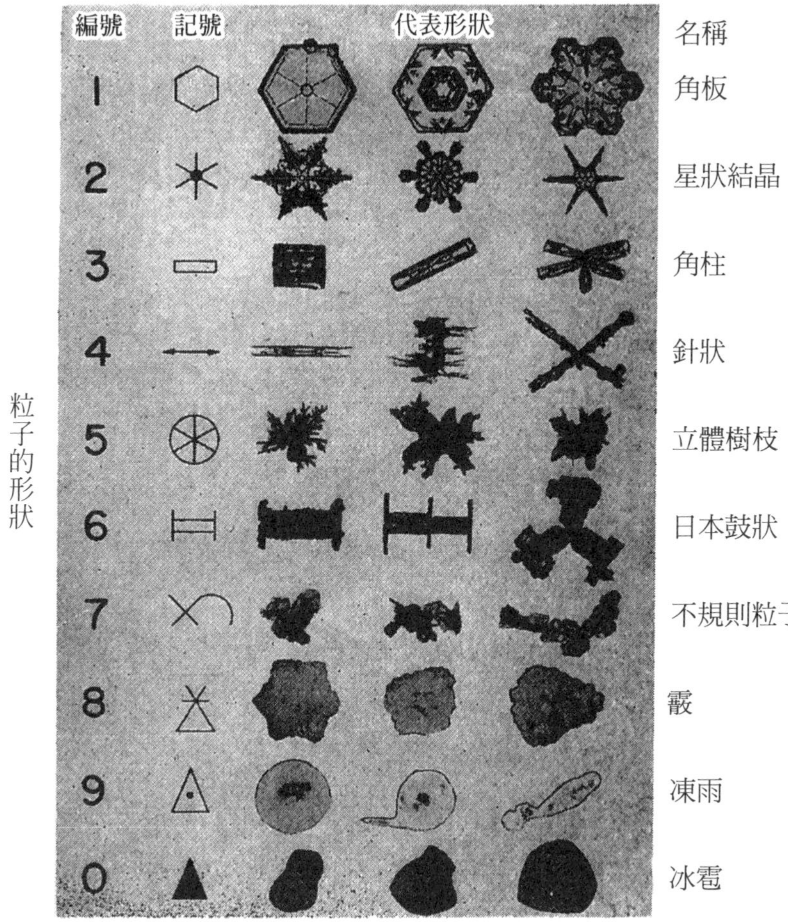

圖4・2 降雪粒子的種類與代表的形狀 引用自梅森（1971）（武田喬男，《水循環的科學》，東京堂出版，1984）

子有趣的地方在於，雪粒子的類型、形狀不同時，掉落速度也會有著相當程度的不同。成樹枝狀等六角形的美麗雪結晶的落下速度爲每秒數十公分，再快也不會超過每秒1公尺。而由很多雪粒子組成的雪片，則是在高處落下時就會以每秒1公尺左右的速度落下。另一方面，霰的落下速度則是超過每秒1公尺，變成冰雹的話，比較大的冰雹的落下速度甚至會達到每秒數十公尺。在日本，比較少見到大塊的冰雹落下的光景，部分國家，則是有過下了高爾夫球大小的冰雹，有時還會有壘球大小的冰雹降下來的情況。雖然說降雪粒子的降落速度差異就可以直接連接到粒子成長差異的成果，不過有趣的地方在於粒子的類型就會直接影響到落下速度，而落下的速度又會大大地影響到這些粒子的成長方向以及速度。

如同之前提到的，雲滴要形成雨滴時的必要條件，就是雲層裡必須要發生雲滴的碰撞─合併過程，另外，只要半徑3毫米以上的雨滴就會開始進行分裂，所以一開始會決定好最大的大小是到什麼程度。但是雪粒子並非如此，雪粒子會形成直徑數十公分的雪片，也會形成如壘球那樣大的冰雹。就如接下來會提到的，雲層裡不太容易形成冰粒子，但當雲層裡的環境達到可以形成冰粒子的環境，就會很快的製造出冰粒子，因此也會變成容易降雨的狀態。如果要讓不容易出現暖雨的雲出現降雨現象，在雲層裡製造出冰粒子就是降雨的必要條件。從前筆者住在加拿大的蒙特婁時，在冬天夜晚的街道上，一邊聽著遠方的鐘聲一邊走路時，看到直徑1公分左右大小的美麗雪結晶降下來時，除了驚訝之外，同時也覺得非常感動。

冰粒子的成長

雲層裡的冰粒子也和雲滴、雨滴一樣，會透過凝結以及碰撞—合併來成長。不過，雖然說是凝結，但是因爲這是水蒸氣直接變成冰的過程，所以應該要稱爲「凝華」。另外，這裡的碰撞—合併指的是，雲滴在0℃以下的雲層裡變成過冷狀態（詳細的說明請參閱下一個項目），此雲滴經由碰撞到冰粒子並且合併在一起的過程，而這個雲滴沒多久就會在碰撞上的冰粒子形成冰。

雪結晶的形狀都相當的美麗。雪結晶主要由冰粒子在凝華的過程中形成。結晶的形狀爲六方晶系，大致上可以分成平板狀以及角柱狀。大家都看過的平板樹枝狀的雪結晶是屬於前者，針狀雪結晶則是屬於後者。如同圖4．3所示，雪結晶成長的氣溫是在0～-3℃時就會形成平板狀，-3～-10℃時會是角柱狀，-10～-22℃時平板狀，而-22℃以下就會是角柱狀。接著會根據周圍空氣中的水蒸氣的量，來決定這些雪結晶會變成什麼形狀，如樹枝狀的六角形平板狀，還是駭晶狀的六角柱等使得雪結晶的形狀變成複雜化。在日本，有句諺語：「雪是天上掉下來的信。」指的就是雪結晶的形狀爲了反映出空中周圍空氣溫度以及水蒸氣量而降下

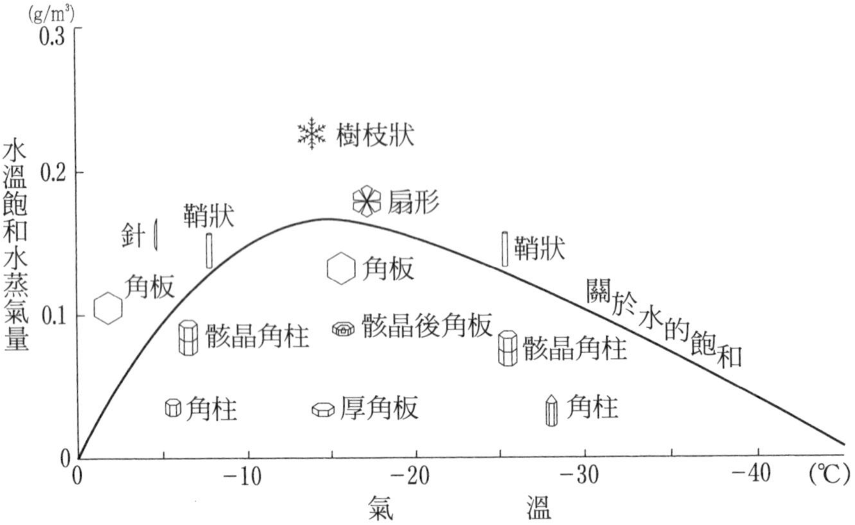

圖4.3　雪結晶的形狀與氣溫、過飽和度之間的關係圖（小林圖表）　縱軸的過飽和度是從冰飽和水蒸氣量所產生的水蒸氣量的差距來表現的。

的。古人很早就知道雪結晶會隨著氣溫變成結晶狀、平板狀以及角柱狀了。至於爲什麼會有如此的改變，到目前爲止有幾個有力的說法，但是仍無法完整的說明這一個現象。

美麗的雪結晶中也有體積相對大的結晶，但以冰來說，這種結晶含水量較少，即使融化也不會變成大雨滴。日本的平地，包含都市也是一樣，常見的雪粒子大多都是過冷水滴附在雪結晶上結冰後形成的（在日本，這種結晶又稱爲雲滴附著雪結晶），不然就是那些雪結晶集結在一起後形成的雪片。偶爾也會出現直徑從數公分到數十公分的大雪片，這種雪片融化時就會變成大雨滴。就如同無論是雲滴還是雨滴的碰撞—合併，重要的是水滴落下時的速度差異，冰粒子落下時集結成雪片也是一樣，重點在於這些冰粒子落下時所產生的速度差異。因此，與其說雪片是由落下速度差異不大的平板樹枝狀的雪結晶所形成的，倒不如說有雲滴附著的雪結晶還比較容易形成雪片。

把雪片仔細地分解，用顯微鏡去細看構成雪片的每一個冰粒子之後就會發現，其實裡面是由各種類型以及各種形狀的冰粒子所組成。有趣的是，雪片中常見的雪粒子其實是長得像帶刺殼的栗子一樣，表面佈滿針狀的雪粒子。因爲這些冰粒子都是固體，所以碰撞在一起也不會合併，就算是黏在一起了，稍微刺激一下就會開始分裂。牡丹雪（譯註：牡丹雪爲日文中形容雪的形容詞，意指較大的雪片，中文並無確切專有名詞，故直接使用原文漢字）也是一樣，在地表溫度比較高的地方也會出現有大雪片的降雪，可以聯想到是因爲經由碰撞之後的冰粒子再度結凍，且緊緊黏住之後才有可能出現如此子的降雪。有趣的是，也可以想成搞不好就是那些充滿尖刺，像是帶殼栗子狀的冰粒子變成了製作雪片時的接著劑也說不定喔！

說實在的，降下來的雪片是由什麼樣的冰粒子所構成，對於雨的科學而言也是一件非常重要的事，只不過意外的是到目前爲止也沒有幾個研究的案例。也許是因爲這個研究非常無聊，同時又非常的辛苦也說不定。不過，只要有顯微鏡，任誰都可以進行這個研究，各位要不要試著做看看呢？但是，因爲不能讓冰粒子融化，所以所有的研究過程都必須要在寒冷的戶外進行，而且也不能讓自己的氣息吹到雪片上面，因此必須要戴上口罩，然後拿著超級細小的鑷子花時間小心翼翼分解雪片才行。雖然好像很好玩，但也是一個非常需要集中精神的實驗過程。

霰以及冰雹在融化時都會形成大雨滴。就算氣溫稍爲有點高，也經常會出現冰雹不融化，直接降落到地面的情形。這兩種冰粒子與其說是透過凝華增長，倒不如說是非常擅長捕捉待會兒會提到的過冷雲滴來增長的，定義上只要增長直徑大於5毫米，就會稱爲「冰雹」。冰粒子增長的特徵就是，只要捕捉過冷雲滴增長的速度大於凝華增長的速度，落下速度就會開始變大，使得冰粒子更容易捕捉到雲滴。這裡先省略詳細的解說，簡言之，爲了要形成霰以及冰雹，除了雲層裡要有大量的過冷雲滴之外，還必須要有一個條件，就是能讓冰粒子變得擅長捕捉雲滴，也就是說，必須能製造出落下速度快的冰粒子。另外，如果是要做出落下速度每秒達數十公尺的大冰雹的話，那不只需要事先形成落下速度快的冰粒子，還必須要長時間停留在雲層裡，持續與大量的過冷雲滴合併才行。只有特殊構造的雲才有辦法形成冰塊跟冰粒子，詳細的部分會在第七章說明。

如同剛剛所提到的，就算是現在正在降雨，其實雲層裡也是不停的形成各種冰粒子以及雪粒子，而且形成過程還非常地複雜。雲層裡必須要形成大量的雪粒子才會降下大雨；而降下大雨滴時，上空中則是會形成大的雪粒子。第二章所提到的雨滴的粒徑分佈，其實就是完全反映出各式各樣的雪粒子在雲層裡形成的經過。

雲滴不容易結凍

大多時候，降雨之前，雲層裡必須要先形成冰粒子才行，只不過冰粒子是相當難形成的物質。一般而言，氣溫會隨著高度增加而下降，所以即使地表溫度高於0℃以上，大部分的雲的溫度都會處於0℃以下。但是，構成雲的雲滴卻不太會結冰，一般都會處於過冷的狀態。在日常生活中，水到了0℃以下時都會結冰，前提是那些水有接觸到某些物體的話，才會結冰。如此看來，浮在空中的雲滴什麼都碰不到，溫度必須要相當的低才有可能結冰。

關於純水的小水滴溫度到了多低爲止都不會結凍的實驗，已經有很多人做過。這一個實驗非常的困難，因爲不可以讓水滴接觸到空氣以外的任何物質，裡面也不能含有任何固態物質，再加上也不能給予水滴例如震動之類的刺激。根據到目前爲止的實驗結果，跟雲滴大小差不多的小水滴，在-35～-40℃左右的低溫是不會結冰的，溫度要再低才會有可能結冰。在高空的雲，如捲雲等的雲會位於大氣溫度-40℃左右的高空中，大致上都會形成冰粒子，但是其他類型的雲的雲頂沒有延伸到高空，如此一來，雲滴就會處於過冷的狀態而不會結冰。

但是，雲頂沒有到-40℃的雲也偶爾會下雪跟下雨。那那些雲裡面的過冷雲滴是怎麼結冰的呢？就如同前面提過的，形成雲滴時，大氣中的微小粒子會成爲雲凝結並且發揮相當大的作用一樣，雲滴在結冰時也需要作爲核心的微小粒子。雲凝結核是由吸濕性微粒子所組成的，不過冰粒子要形成時，核心則大多是由土壤粒子或是礦物粒子所組成的。因此，雲滴在結凍時才會變成冰的結晶（冰晶）。一般而言，變成核的微粒子本身如果有著相當程度的結晶構造，在結冰時才會對結冰有一定上的幫助。這些微小粒子的冰晶核，或稱爲自然冰晶核，有的是一開始就存在於雲滴中，當溫度達到0℃以下時就會變成冰晶核開始發揮作用，有得則是透過過冷雲滴的接觸，使得過冷雲滴結凍變冰。另外，也有的是微小粒子本身表面就已經是濕的，並且形成了水膜，之後讓外面的水膜結凍變冰。火山灰以及黃沙（譯註：季節性的氣象現象）是非常有效率的自然冰晶核。透過以上方式製造出來的冰晶，如果只透過凝華增長的話，就會形成美麗的雪結晶。地球上經常有火山噴火，噴火時會把大量的火山灰噴發到大氣中，直接說這些火山灰中的微小粒子順著風跑到全世界各地中的雲裡面，變成冰晶核後有效率的發揮作用也不奇怪。

如同稍後會提到的，日本海沿岸的降雪情形，在地球上也是屬於一種很特殊的現象，放大到微觀程度來觀察也是非常的有趣。除了從中國大陸來的黃沙粒子以及土壤粒子會變成自

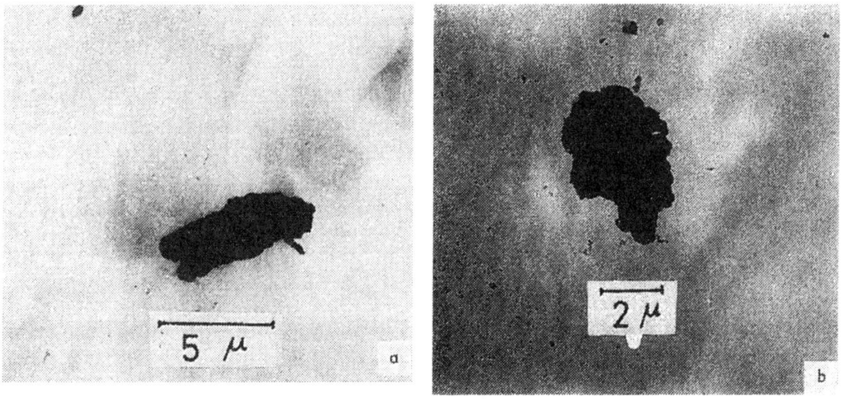

圖4.4　在北美西岸的華盛頓州中的奧林匹斯山山上所採取的冰晶核的電子顯微鏡照。　引用自礒野他（1971）

然冰晶核，並且有效的發揮作用之外，被風從日本海吹到上空的海鹽粒子也是非常有效的雲凝結核。實際上，從中國大陸飛來的土壤粒子不只飛到日本列島，也會飛越太平洋，直接飛到美洲大陸。雖然已經是三十年前的事情了，但筆者曾經在西雅圖市附近的奧林匹斯山的冰河上，待了約兩個月的時間來觀測自然冰晶核。當時所做的觀測方式是在冰河上採取的空氣中，以人工的方式製造冰晶，然後調查形成冰晶的冰晶核中的微粒子構造。另一方面，當時也已經確認到從中國大陸飛來的土壤粒子在抵達到日本列島一週後，同樣種類的土壤粒子也會到達那個冰河的上空。圖4．4是在冰河上空採取到的微小粒子的電子顯微鏡照片。

地球上自然冰晶核的特徵之一是，數量非常

的少。會變成雲凝結核的微小粒子在1立方公分的空氣中，大約會有數十個到數百個，有時候也可能會超過上千個，但是自然冰晶核的數量，概略來說的話，在1公升（1千立方公分）-20℃的空氣中，大概就只有1個會發揮作用。而且那個自然冰晶核實際上會不會發揮作用也是要看機率，溫度愈低機率愈高。假設在1公升的空氣裡面有1萬個完全相同的冰晶核，在-20℃的溫度環境下，可能連1個都不會發揮作用，在-30℃的溫度環境下，卻可能會有1000個會發揮作用的意思。一般而言，雲頂溫度高於-20℃的雲層裡不太會含有冰粒子，而雲頂往低溫的高空延伸上去的雲層裡則大多會含有冰粒子。從雲層裡降雨的大條件之一是雲層裡含有冰粒子，但是自然冰晶核的數量卻很少，即使雲處於過冷的狀態，也不容易形成冰粒子。也因爲自然冰晶核很少，所以才有辦法在雲裡面撒下人工冰晶核，讓人工冰晶核變成形成冰粒子的種子，達到人造雨的目的。

要製造冰晶，照道理而言最有效率的方式就是讓冰的微小粒子變成冰晶核。在雲層裡，讓大的過冷雲滴急速冷凍後，就會出現大量微小的冰碎片飛散在雲層裡的現象。當水結凍時會增加一點點的體積，因此雲滴的表面急速冷凍時，雲滴中心部分尚未結凍的水的壓力就會開始升高。當壓力達到一定程度時，中心部分的水就會往外面噴發，此時外層的冰就會變成冰碎片飛散在空氣中。當然，這些微小的冰碎片都是有效的冰晶核，所以能讓周圍大量的過冷雲滴結凍成冰。這個現象類似於雨滴分裂後引起的連鎖反應。但是，爲了要引起這個現象，在一開始就必須先要有自然冰晶核的存在，並透過自然冰晶核形成冰晶才行。

散播雲種的雲

如果是對流性的雲，有會帶來持續性降雨的積雲或是積雨雲，這些雲的雲頂都會往低溫的上空延伸，雲頂的附近也會形成冰粒子，不過層狀性的雲所帶來的會是長時間大範圍的偏弱雨勢，這些雲形成冰粒子的方式與對流性的雲稍微不同。位於高度4〜8公里中層（譯注：此書中的此處中雲的分類方式與日本氣象局、台灣氣象局的分類方式不同，這邊指的是此書分類方式。這邊的中層高度4〜8公里是橫跨台灣的中雲（2，000米到6，000米）與高雲（6，000米以上）。）的層狀雲，大多是由低氣壓或是鋒面所帶來的大規模上升氣流所形成。雖然這些雲層裡面含有足以降雨的充分水量，且處於過冷狀態的雲滴，但是卻不會出現如暖雨般使雲滴增長的碰撞—合併現象。另外，因爲雲頂氣溫也不夠低，所以天空中只有這個類型的雲存在的話，也不容易形成冰粒子。總之，即使雲層裡含有足以下雪或是下雨的水量，雲層裡也不容易形成足以形成降雨或降雪現象的雨粒子或冰粒子。

中層雲降雨或是降雪的過程，有兩種不同的類型，如圖4·5所示。其中1個是當大氣

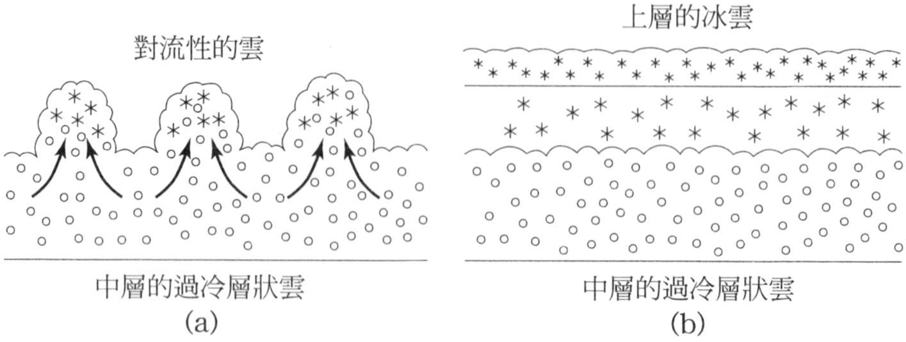

圖4.5　兩種在中層的過冷層狀雲層裡形成冰粒子的類型
(a) 中層的層狀雲上部出現對流性雲，發達之後形成冰粒子。
(b) 由比中層的層狀雲更高的雲供給冰粒子。

層的氣溫以及水蒸氣量的高度分佈達到某一個條件時，那一個大氣層就會上升形成層狀性的雲，而且雲層裡還會形成容易引起對流的環境。這一種類型的大氣層稱爲對流不穩定，或是稱爲潛在不穩定大氣。明明層狀性雲的雲頂不高，也不容易形成冰粒子，但是因爲雲層裡到處都會出現對流，所以有一部分雲的雲頂會往上空延伸。總之，往上空延伸的雲頂部分的溫度會低到足以讓自然冰晶核產生作用，因此也會形成足夠數量的冰粒子。這種對流雲可以製造出能變成降雪粒子的冰粒子，所以稱爲「對流胞」。當冰粒子生成之後，因爲層狀性雲裡面會有非常多的過冷雲滴，冰粒子就會開始消費這些過冷雲滴而增長變大。在空氣中的冰粒子落下時，會開始捕捉過冷雲滴，有時候會變成霰或是雲滴附著雪結晶，有時候也會透過凝華變成雪結晶。

冰粒子從對流胞中落下後開始增長，在空中被風吹動時看起來就像是縞隨風飄動的樣子，因此又稱爲「絲狀」（Streak）。有時候從層狀性雲層降下來的持續性弱雨勢會突然變成強降雨，就是因爲降雪粒子在靠近地面時變成雨滴的關係。對流胞形成的冰粒子並不只是會變成絲狀，也會供給到整個層狀雲，使得其他部分的降雪粒子開始增長並落下。降雪粒子從氣溫零度，也就是開始融化的高度開始降下時，會經過數百公尺厚的雲層，而這一個雲層在雷達上看起來就像是一條發光的帶子，因此稱爲「亮帶」。如圖4．6所示，這是因爲降雪粒子開始融化時，表面會變得潮濕，使得降雪粒子容易反射雷達電波。當降雪粒子完全融化變成雨滴

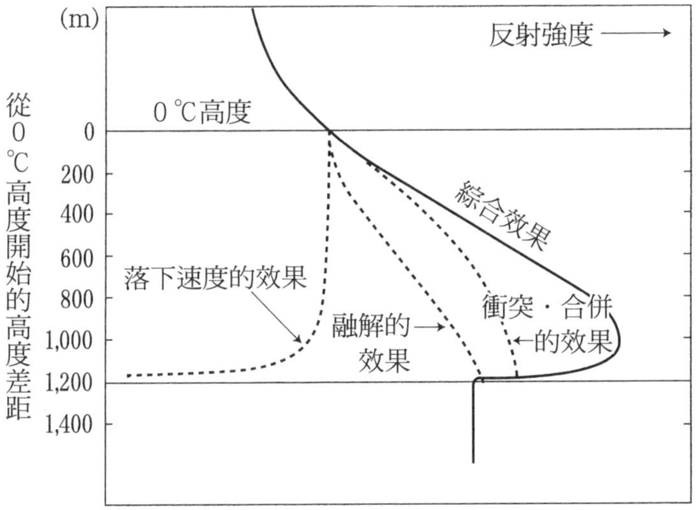

圖4.6　在氣溫0度的高度下方觀察到的亮帶　因爲降雪粒子的衝突 合併、表面的融解、掉落速度的增加等效果，在那邊可以觀測到比上下的雷達回波要再更強的回波。引用自Austin及Bemis（1950）

時，雨滴的體積會比降雪粒子要小得多，再加上因爲此時的雨滴爲了開始分裂變成更小的雨滴，所以開始融化的降雪粒子就會比那個高度左右的其他粒子更容易反射雷達電波。當在雷達上觀測到亮帶時，就表示上空的雲製造出來的降雪粒子正在落下，而且在過程中融化變成雨滴。

爲了讓中層的層狀雲降雪以及降雨的另一個過程，就是要有從更高空雲層的冰粒子掉落下到該雲層中。高度愈高，氣溫就愈低，因此位於高空的雲層裡會有大量正在發揮作用的冰晶核，當氣溫夠低時，全部的雲滴也都會結凍。像是捲雲等等的上層雲，都是由角柱狀的雪結晶等，稱爲「砲彈集合」的冰粒子所構成。圖4．7顯示出在這些雲中所觀測到的冰粒子。冰粒子有著與水滴相比起來，不容易蒸發的性質，因此這些由上層雲落下的冰粒子在掉落下時，到相當接近地面的大氣爲止都不會

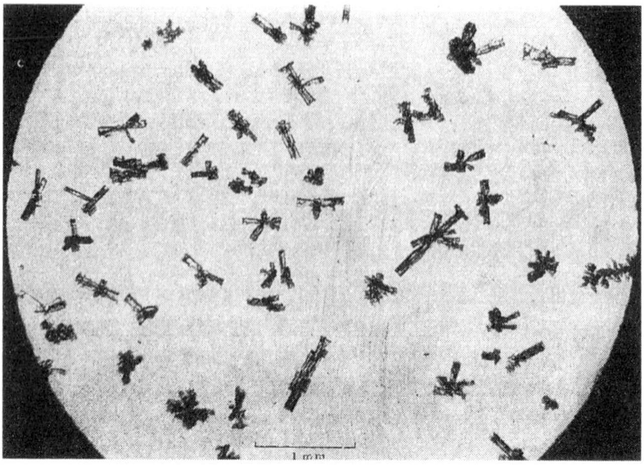

圖4.7　在上層的冰雲層裡所採集到的冰粒子（砲彈型結晶）　引用自Heymsfileds及Norengerg（1972）。

完全蒸發掉。也曾經有過在雲層下方４０００公尺觀測到冰粒子的觀測紀錄。天空中卷雲延伸出來，像是用刷毛刷過天空的那個白色羽毛，就是冰粒子正在落下，或是那些冰粒子被風吹動的樣貌。

只要這些由上層雲層裡所製造出來的冰粒子掉落到中層的過冷雲層裡，而且中層的過冷雲層裡含有足夠的過冷雲滴，這些冰粒子就會開始消耗這些過冷雲滴增長成更大的降雪粒子。即使中層的過冷雲層裡含有足以降雪或降雨的水量，但是因爲這些雲無法自行形成降雨及降雪基礎的冰粒子，所以也不會出現降雨。當這些過冷雲，與水量不足以出現降雨，但已足以形成冰粒子的上層雲互相合作時，就會變得可以有效率的降雪或降雨。這是一種非常有趣的降雨方式。含水量足夠的雲會提供水，因此稱爲Feeder（餵養的意思），而降下冰粒子讓下層雲形成降雪粒子的雲則稱爲Seeder（播種的意思）。這種降雨、降雪方式就稱爲「種饋機制」（Seeder-Feeder Process）。大部分人造雨所使用的「播種」指的就是使用飛機飛到過冷雲的上空，撒下有效用的人工冰晶核，碘化銀微粒子。這種行爲稱爲「人爲播種」，也有人把播種過程稱爲「自然播種」。

種饋機制是由兩層的層狀雲所組成，但也有除了這兩層層狀雲之外，在兩層雲的下方，距離地面高度1到3公里的地方再加上一層雲來降雨的多層雲系統。在中層的雲層裡成長的降雪粒子在落下的途中融化變成雨滴，這些雨滴在進入到下層的雲層裡，捕捉雲層裡的雲滴並且增長成更大的雨滴降落到地面。一般而言，變成中層雲雲滴的水蒸氣與變成下層雲雲滴的水蒸氣，是從不同的地方產生，再經由不同的大氣流動抵達到空中。地球降水機制的巧妙之處就在於，上層雲層裡的冰粒子也是經由不同地方的水蒸氣所形成，而這些起源不同的水在空中藉由上層雲層裡的冰粒子作用，由上到下集結在一起變成雨，再一起降落到地面。

第五章　降雨方式會因爲人類活動而改變

人工調節氣象是人類的夢想？

大部分的人造雨都是利用飛機，或者是使用圖5．1中的煙霧機來把碘化銀送到雲層裡，在過冷雲層裡人工製造出冰粒子的方式。作爲冰晶核的碘化銀會在-4℃左右的溫度中產生效用。降雨需要冰晶核，然而非常重要的自然冰晶核數量非常稀少的關係，所以才能透過把人工冰晶核送入雲層裡產生降雨現象。總之，人造雨所指的就是讓已經含有足夠的過冷雲滴，用人工方式讓足以降雨卻無法自行降雨的雲降雨。正確而言，其實這

圖5．1　碘化銀煙霧爐
引用自W.N.Hess《WEATHER AND CLIMATE MODIFICATION》（1974）

不是人造雨，是人工增雨。

上升氣流在大氣層出現並且在天空中形成雲，這個現象的規模非常大，因此就算森林大火或是大火災可以形成雲，以目前人類有辦法送進大氣層的水蒸氣或者是在大氣層中產生的能量而言，也不是這麼容易可以形成雲。而人造雨所指的就是要以人爲方式製造出雲，只不過這也不是一件簡單的事情。即使如此，之所以現在能進行人造雨，就是因爲控制降雨現象的是一種微觀現象，而且還是微量的。

不只是人造雨，其他如人工抑制冰雹的產生、人工抑制颱風或颶風的產生以及消除霧等，大部分人工調節氣象的方式，都是在對過冷雲或是霧撒碘化銀微粒子，藉此以人工方式製造冰粒子的。因爲冰雹是由在雲層裡的冰粒子捕捉大量的過冷雲滴並且結凍形成的，因此人工抑制冰雹的產生指的就是在冰粒子捕捉到大量過冷雲滴之前，到有大量過冷雲滴的地方拋撒碘化銀微粒子，來讓這個過冷雲滴變成大量的冰粒子。颱風的人工抑制也是一樣，是用好幾架飛機在颱風內的降雨雲群內拋撒大量的碘化銀微粒子，來讓這些雲層裡的大量過冷雲滴急速冷凍。水蒸氣在空氣中凝結變成水時，會把熱能釋放到空氣中，而颱風就是利用這些釋放到大氣層中的熱能來增長的。但是，颱風的增長狀況以及維持其實是由這些釋放到大氣層中的熱能在颱風中的分佈狀況，以及氣溫的分佈狀況所巧妙地控制的。因此，颱風的人工抑制指的就是透過讓大量的過冷水急速的冷凍，改變颱風中由水凝結釋放出來的熱能分佈以及氣溫的分佈，期待能藉此改變颱風的增長方式。消除霧也是一樣，是藉著用人工的方式讓浮在空中的過冷霧滴變成冰粒子增長或是落下，來達到快速消除霧的一種嘗試。

不論是哪一種氣象調節都有一個大問題，那就是非常難判斷現在產生的結果，到底是人爲調整之後所產生的，還是原本的自然現象演變的結果。還有，調整之後所產生的現象會對人類的生活帶來不好的影響也說不定。特別是試圖要去人工調整偶爾會變成天災的冰以及颱風等天氣現象時，有時候也會變成社會問題。現在，當北美出現強烈颶風，造成當地相當大的災害時，就會有人提出是不是就是因爲試圖要人工調整這個颶風，所以才讓當地出現天災的聲音。

數十年前，筆者在進入研究的世界時，人工調節氣象在氣象學裡是一個遠大的夢想。筆者也經常參加人造雨的實驗。只是後來，各式各樣的污染被舉發，還有環境問題，甚至連地球環境問題都成爲一個很大的社會問題，並且伴隨著人類透過這些活動、生活，「無意識」的改變了氣象，或者是有可能改變了氣象，心生畏懼，現在除了消除機場的起霧現象，或是在極少降雨的地區執行人造雨之外，世界各地已經很少進行氣象方面的人工調整了。但是有一點不能忘記的就是，到目前爲止所提到的雲、雨以及雪的科學，都是源自於世界上科學家們始終懷抱著以人工方式調節氣象的這一個夢想，並且爲了要達成這個夢想的目標之一，也就是研究雲的微觀現象，現在才能有飛躍性的進步。

都市與周邊降雨的變化

只要有微量的像是雲凝結核以及冰晶核的微小粒子，就足以大大地影響降雨以及降雪的方式，這件事情不僅代表著人造雨是可行的，同時也代表著人類活動產生出來的微小污染粒子也是有可能會改變降雨及降雪的方式。這個不同於人類有意識地要去改變氣象，也就是人造雨，而是在無意識的情況下改變了氣象。世界各地都有著都市周邊的降雨方式因爲人類的活動而產生變化的報告。接下來要講的資料稍微有點舊，但還是介紹一下這兩個例子。

一個是日本的例子。都市以及市郊與周圍的區域比起來，年間的微雨降雨日較多，或是有著年年增加的趨勢。微雨指的是一天降雨量不到1毫米，是一種非常弱的雨勢。從圖5・2中可以看到的，東京、橫濱、名古屋、岐阜、大垣以及新潟等各都市的微雨日數，到一九五零年代爲止，平均來說都明顯地比周圍地區要來得多。雖然最近很少有這種氣象紀錄方式，所以無法得知之後這種降雨傾向有何變化，但是這份報告具體的指出人類的活動確實地改變了降雨方式，是一份非常發人深省的報告。照理說，都市上空的雲凝結核是屬於過多

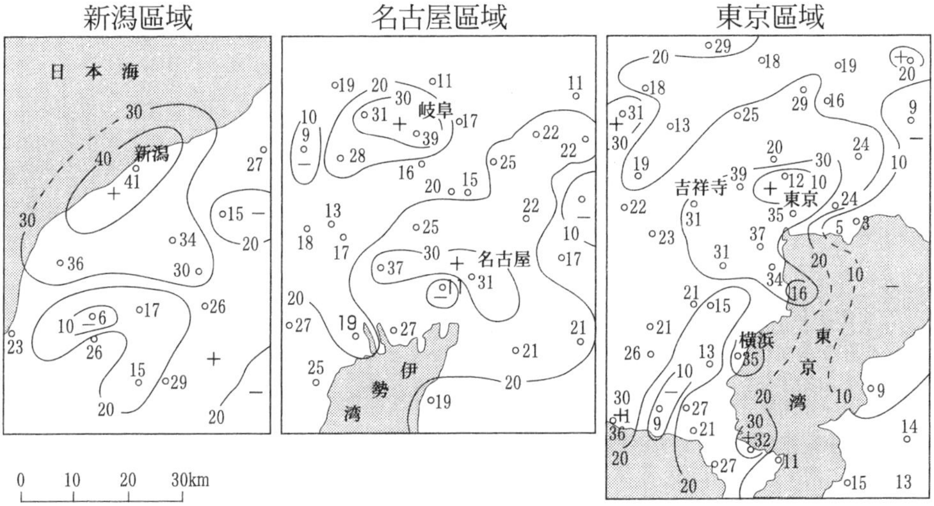

圖5.2 到1950年為止的年平均微雨日的分佈圖 微雨指的是當日降雨量少於1毫米以下的雨勢。新潟市、名古屋市、岐阜市雨東京都等地區和其他周邊區域相比，微雨日較多。引用自吉野（1957）。

的狀態，很難出現暖雨的機制才對，但是根據透過飛機的觀測，或是經由電腦數值模擬之後的結果推測，以上所述的降雨傾向，雖然雲凝結核數量多，且這些較大的雲凝結核就是引起碰撞—合併的的起因，但是這個較大的雲凝結核就是人類活動所產生並運送到大氣層所引進的。因爲工廠以及其他的人類活動會釋放出大量的硫化合物到空氣中，也就代表著，大氣層中的硫酸以及硫酸銨等具有代表性的雲凝結核也是人類活動所製造出來的。所以經由這些較大的雲凝結核形成半徑0．02毫米以上的雲滴也是有可能的。

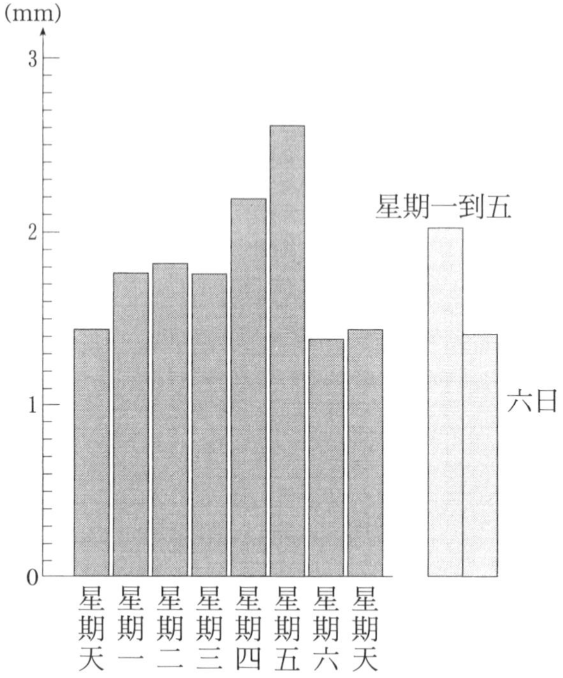

圖5．3　1960年到1967年，巴黎的週間平均降雨量　週末的星期六以及星期天降雨量較少。引用自Detwiler（1970）。

還有另一個很有趣的例子。就是把都市的降雨量以星期為單位做分類，指出降雨量會因為星期幾而產生改變。很多都市都有這種報告，這裡以圖5．3的巴黎為例。圖中可以看到，以一九六零年到一九六七年的平均降雨量為例，週末的降雨量與平日降雨量比起來較少。

一般而言，都市的活動，如交通量等，平日和週末會有著一定上的差距，這裡就可以發現這個活動量的差距同時也反映在降雨量的差距上。雖然說也可以把這種降雨方式的變化解釋成是因為雲凝結核量的不同，但實際上這種現象可能稍微再更複雜一點。

接下來要說明的內容會稍微脫離雨的毫米特徵，都市活動會帶給大氣層各式各樣的影響。各位所知道的熱島效應，是與冷氣的壓縮機，以及人類在都市中的其他活動所排放出來的熱，還有水泥路等效果有關，才會使得都市上空的氣溫分佈與郊外有著相當程度的不同。另外，都市中林立的大樓也會阻擋大氣吹來的風，被大樓擋住無法前進的空氣，也就只能升到上空中了。總之，不管是熱島效應還是都市中的大樓群所帶來的效果，結果都是使得空氣容易上升到都市上空，並且在上空形成雲，而且是有著特別容易形成對流性的雲，或是對流性的雲特別容易發達的傾向。從前，筆者搭乘賽斯納小飛機觀測大氣層時，對於賽斯納在名古屋市的市中心可以輕易地飛上天空感到非常驚訝。

像這種都市所帶來的效應，當然也會影響到降雨的方式。這裡先省略詳細的說明，但確實有報告指出大都市和周邊的區域比起來，大都市比較容易出現強陣雨或是雷雨。有一個研究案例指出二零零二年的夏天，在東京都出現的激烈雷雨是因爲都市效應所帶來的局部性降雨，而且這一個案例也曾經上過新聞報導。也許有人記得這件事情也說不定。

雲就是地球暖化的關鍵

到目前爲止說明的都市以及周邊降雨方式的變化，都是由都市中人類活動所帶來的局部性影響，這些影響也不會讓地球上的降雨方式產生什麼大的改變。但是，現在有一個令人擔心的就是重要的地球環境問題，與日俱增的人類活動使得地球上不容易降雨的雲變多了。前面也有提過，和海上的雲，特別是積雲比起來，陸地上的雲比較不容易出現暖雨。這是因為陸地上的雲凝結核過多，使得雲層裡形成了大量的小雲滴。不只是只有都市，世界各地的人類活動都會排放出大量被認定為污染物質的硫化物，進而產生出大量有效的雲凝結核。總之，這會使得地球上不容易下雨的雲增加，同時也代表著地球上含有大量小雲滴的雲增加，進而對之後會提到的地球大氣的熱平衡（特別是輻射能源收支）產生相當大的影響。

大家應該都有過旅行搭乘飛機，看著窗外飛機下方的雲時，覺得雲反射上來的太陽光特別刺眼的經驗吧！大部分的雲會像鏡子一樣反射太陽光，而且反射的效果還非常好，具有把太空來的太陽光反射回太空的作用。另一方面，地表或是地表附近大氣層所散發出來的熱會以紅外線的方式往太空射出，而且這個熱能也會被雲吸收，而被雲所吸收的熱能，有一部分會釋放到太空中，另一部分則會送回地表。換言之，雲的作用就像是棉被一樣，主要的效果就跟含有水蒸氣以及二氧化碳的大氣所帶來的溫室效應是一樣的。也可以說是雲的溫室效應。圖5．4是以模式化的方式來呈現雲的作用。

不管是什麼雲都會產生鏡子作用（反照效應）以及棉被作用，前者的反照效應除了反射回太陽光之外，還有可以減少太陽光抵達地表的熱能，後者的棉被作用則是可以阻擋地表的熱能逸散到太空中。地球暖化指的是平均計算地球整體的溫度之後，地表附近溫度上升的情形。總之，當地球更加暖化時，從海面及地面蒸發出來的水就會變多，使得大氣層中含水量

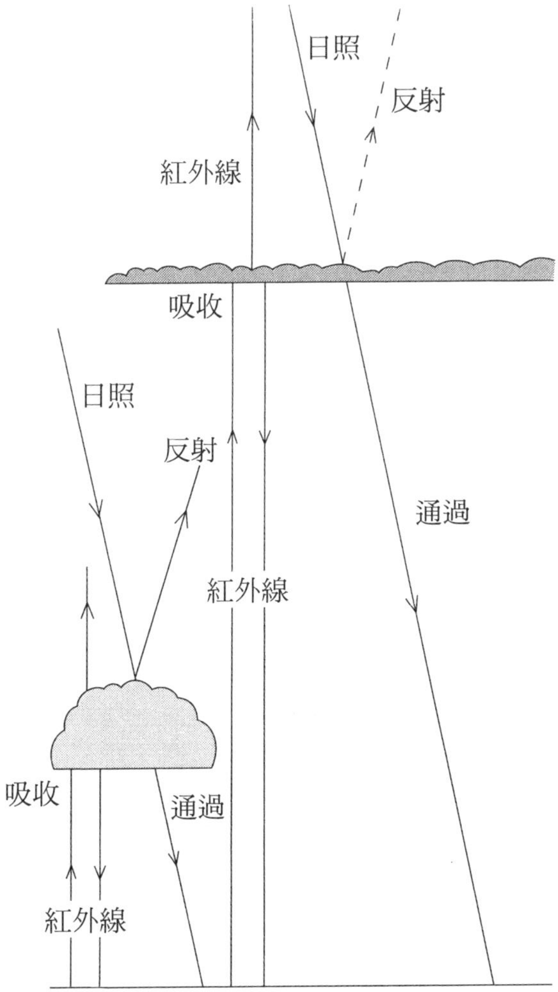

圖5.4　雲的反照效應與溫室效應

變多，更容易形成雲，因此，如果地球暖化的結果是讓如鏡子般，反射作用強的雲更容易在全球各地形成的話，那麼也許地球暖化就會開始趨緩也說不定。但是如果在全球各地形成的雲，是如棉被般，而且是保暖效果很好的棉被的話，那麼地球暖化就會更加嚴重。如同各位讀者所知道的，現在地球暖化的預測是，在二十一世紀末時，溫度會增加1.4℃到5.8℃。這個預測出來的溫度幅度會這麼大，有很大的一部分是因為這是用電腦模擬的方式來預測地球暖化，所使用的數據模型（又稱為氣候模型）無法正確的預測未來的地球中，什麼性質的雲會增加的關係。也可以說雲就是地球暖化的關鍵。

簡略地說，只有雲滴構成的下層雲，如層雲以及層積雲等雲的鏡子反射作用會比較強，假設雲整體的含水量都是相同的話，那麼就是小雲滴愈多的雲反射作用就愈強。人類活動所排放出來的污染微粒會增加雲層裡的雲滴總數。有一份報告指出，透過人造衛星的觀測，觀察到在海上航行的船所排放出來的煙進到雲層裡，這個雲所反射回太空中的陽光和其他的雲相比，含有煙的這個雲所反射的太陽光是比較多的。另外也有研究指出，人類活動旺盛的區域的下風處所產生出來的雲，也是屬於會大量反射太陽光的雲。

地球表面約有60％覆蓋著雲。地球上的雲有很多種類，整個地球的雲層裡，反射作用強的雲比較多，反過來說，如果地球上完全沒有雲的話，地表的溫度會比現在要高上20℃以上。另外，根據氣候模型預測的結果指出，在地球整體比例上，只要反射作用強的下層雲增加幾個百分比，就能大量減少地球暖化的程度。由此可知，雲的作用對於地球大氣的熱平衡而言有多大，以及人類活動的結果形成了不容易降雨的雲的這種微觀效應帶給地球的影響有多大。

當人類的活動尚未如此興盛的時候，地球上的硫酸以及硫酸銨微粒子是經由地球上的硫磺循環所製造出來的，而本書到目前爲止所敘述的地球上的雲的微觀特徵，特別是控制雲凝結核的特徵，在人類的活動還沒有這麼多的時候大部分都是由這個硫磺循環來決定的。當時大氣中的硫磺是由火山噴火或是海洋浮游生物的活動所供給的。現在人類活動所產生出來釋放到大氣的硫化合物量，是自然產生的硫化合物3倍。總之，人類的活動透過改變雲的微觀性質，進而改變整體地球的雲一事，也不再是不可能的事情，而是的確有可能發生的。

飛機雲也會散播雲種

捲層雲以及卷積雲等雲，是一種主要是由冰粒子所構成的上層雲，這些雲的作用機制比其它的雲要來得複雜。用肉眼觀察這些雲時，看起來好像透明，不太會遮擋著陽光，但其實這種雲有著很強的棉被作用。總之，當地球暖化持續下去時，整個地球中這種上層的雲增加的話，地球暖化的程度將有可能會大幅度增加。而且人類的活動的確是有可能增加這些上層雲。其中最具代表的例子就是飛機雲。

大家應該經常可以看到飛機雲吧！看到飛機雲的時候，總是會讓人有各式各樣的幻想，眞的是一種很有趣的雲。之前也有提過，除了很冷的地方之外，基本上人類的活動是無法釋放出足夠形成雲的水蒸氣的。但是，當氣溫非常非常低的時候，因爲空氣中可以含有的水蒸氣量減少，所以人類活動所釋放出的水蒸氣就足夠形成雲了。飛機會飛行在低溫的上層，而飛機在高空飛行時所產生的飛機雲就是雲層裡最具代表性的例子。飛機在飛行時會排放出各式各樣的燃燒物質以及水蒸氣，水蒸氣會轉變成水滴，而且因爲是在低溫的緣故，水滴會很快地變成冰粒子（另外，在飛機雲層裡還有另一種雲，是飛機在飛行時讓空氣形成一種特殊的流動所產生的，不過這裡不會提到這種飛機雲）。

平常有在觀察飛機雲的人應該會發現到不是每天都有飛機雲，有飛機在飛行時完全不會出現飛機雲的日子；有會形成飛機雲，但是一下子就會消失的日子；也有會形成飛機雲，而且飛機雲還會愈來愈粗的日子。飛機雲是否會形成，基本上要看飛機在飛行時所在高度的氣溫有多低，形成之後的飛機雲是否會成長則是要看周圍大氣層中的水蒸氣含量是否足夠。從前常說當可以清楚地看到飛機雲，且飛機雲還會變粗的時候，就表示隔天天氣會變得不好。

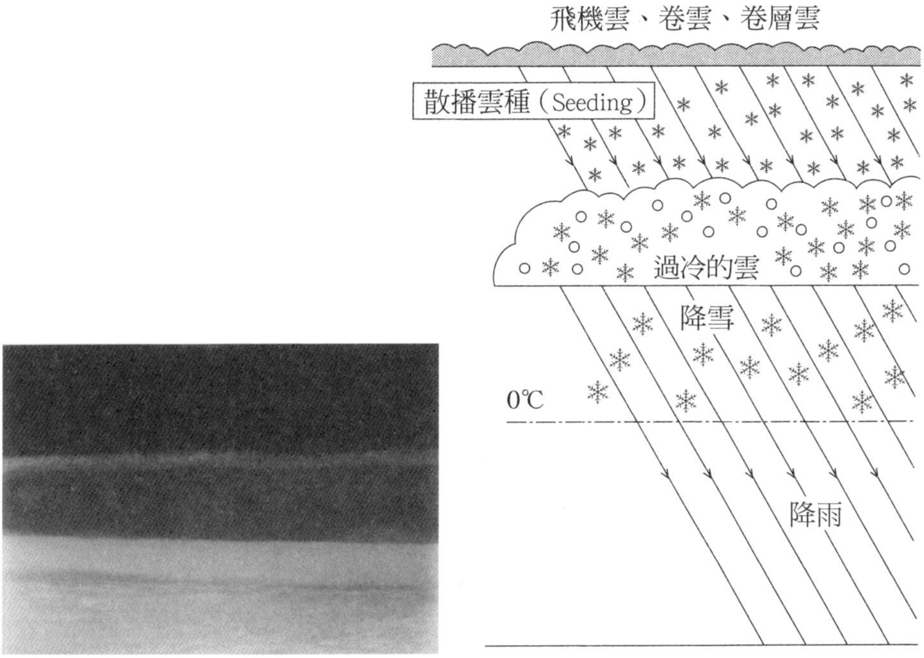

圖5.5　飛機雲等雲的散播雲種效應　降雪粒子從照片中的飛機雲下方掉落。

這個天氣諺語也就是所謂的「觀天望氣」。這是因爲當低氣壓或是颱風接近時，高空中富含水蒸氣的空氣會先被推過來的關係。在這樣的日子裡，觀察這種飛機雲變粗的樣子時，就能看到如圖5．5所示，飛機雲可以一直保持著從粗到細的形狀，並且慢慢變粗的樣子。到底爲什麼會是以這種方式成長的，眞的是件非常不可思議的事，到目前爲止也還是沒有正確的解釋方式。

飛機雲和卷雲等上層雲完全相同，全部都是由冰粒子所構成。不同的地方只在於飛機雲是直接由人類的活動，也就是飛機飛行過之後所形成。根據天氣的狀況不同，有些成長變粗後的飛機雲會擴散開來，形成卷層雲或是卷積雲。剛剛也有提到，當整個地球的上層冰雲變多時，有可能會讓地球暖化變得更加嚴重，而飛機雲就是可能會增加上層冰雲量的雲。

另一個要注意到的飛機雲作用，就是飛機雲會落下冰粒子一事。從圖5・5也可以看得到這種樣貌。前面曾說明過會讓下方雲降雨的雲以及種饋機制。上層的冰雲是Seeder，下方的過冷雲則是Feeder，種饋機制指的就是上層的冰雲會對下方的過冷雲進行散播雲種的一種雲的系統。而成長後的飛機雲會跟上層的冰雲完全相同，可以散播雲種，轉變成種饋機制中Seeder。一想到飛離日本的飛機，會在離日本非常遙遠的高空中播種，就覺得非常不可思議。雖然在這個過程中所降下的雨，對整個地球而言到底佔有多少比重，至今還無法釐清，但從人類的活動會影響到降雨方式的這個層面而言，仍然是一個非常重要的課題。

說實在的，連飛機雲包含在內，關於上層冰雲的研究，目前都沒有什麼太大的進展。至於地球暖化這一個重要的課題，世界各地的研究者也相繼挑戰各種大規模的研究企劃，只是尚未提出一個好的成果。這也是因爲這些雲形成的位置都位於高空，所以目前也沒有一個適當的觀測方法。筆者們也嘗試過好幾次利用觀測用的飛機，飛到高空中試圖調查這些雲的性質，但仍舊無法取得原本預計可以達成的研究成果。筆者的學生中也有不少人挑戰過。希望早日可以開發出能夠好好觀測，不只是美麗的卷雲以及卷層雲，還有飛機雲的觀測方法，好讓上層冰雲的研究能夠更往前進一步。不過看來，應該還是需要更多的時間也說不定。

第
II
部

雲的組織化

地球大氣層的大特徵之一，就是大氣層中經由對流現象所產生的雲經常會帶來強降雨，而且雨勢更大的對流雲則容易形成集團。這種過程稱為雲的自我增殖以及自我組織化等，是一種非常活潑生動的過程。也可以說，對流雲集團所引起的集中豪雨是地球大氣最有趣的現象之一。

第六章　積雨雲的生涯

積雨雲會帶來強降雨

如集中豪雨、暴雪、下冰雹等降雨現象，或者是如龍捲風、陣風、下擊爆流等陣風現象，這些激烈的大氣現象大多數是由發達的積雨雲所引起。會帶來強烈降雨以及強風的颱風也是由大量的積雨雲所形成。積雨雲是對流性雲層裡最具代表性的雲，日文中一般會稱爲入道雲。所謂發達的積雨雲，指的就是大氣層中出現了激烈對流現象的意思。雲層裡上升氣流的速度會達到每秒十幾公尺，有時候還會達到數十公尺，雲頂的高度則是有時候會超過10公里以上，甚至曾經出現過雲頂高度超越平流層，延伸至高空20公里的紀錄。對於發展成形的積雨雲雲頂因爲受到對流層頂的阻擋，使得雲頂附近的雲塊像是鐵砧一樣往橫向擴散開來的樣子已經習以爲常了。

積雨雲是對流現象的關係，所以爲了使積雨雲能夠一個接著一個發達起來，下層就必須要有暖空氣，而且中層或是上層則必須要有冷空氣的持續供給才行。有趣的是，假設下層大氣中有著大量的水蒸氣，而且中層大氣不只冷，還很乾燥的話，就會讓積雨雲更加發達。關於爲什麼中層大氣乾燥會讓積雨雲更加發達的解釋，之後會多加說明，發達的積雨雲還有其他很多不可思議的性質，或是互相矛盾的性質，而且積雨雲爲了要發達，還有著很有趣的「機制」。

無論如何，積雨雲最大的特徵就是會帶來強降雨一事。有時候會帶來每小時一百毫米的強降雨，而且光是一個積雨雲就會在一個地方降下數十毫米的雨量，甚至有時候還會帶來遠超過一百毫米的大雨。關於雲層裡形成雨滴的微觀過程，在前面已經說明過很多，不過，因爲積雨雲的雲頂會延伸到低溫的上層大氣裡，所以說積雲層裡會產生各式各樣的微觀過程一點也不爲過。雲層裡會出現「暖雨」的機制來形成雨滴，如果是雲層的上部，也會製造出冰和雪片。積雨雲就是一種裡面會擠滿雲滴、雨滴以及各種降雪粒子的雲。圖6・1是透過一款名爲雲粒子觀測器（譯註：日本氣象廳使用的一種特殊儀器，原文爲：「雲粒子ゾンデ」（HYVIS、Hydrometeor Videosonde））的特殊儀器來觀察積雨雲裡面的水滴以及冰粒子後所得到的結果。

那麼，爲什麼積雨雲會降下如此多的強降雨呢？積雨雲層裡的空氣會出現如此強烈的上升趨勢，就表示周圍大氣層的空氣，特別是在下層還有水蒸氣的空氣一個接著一個被吸進去

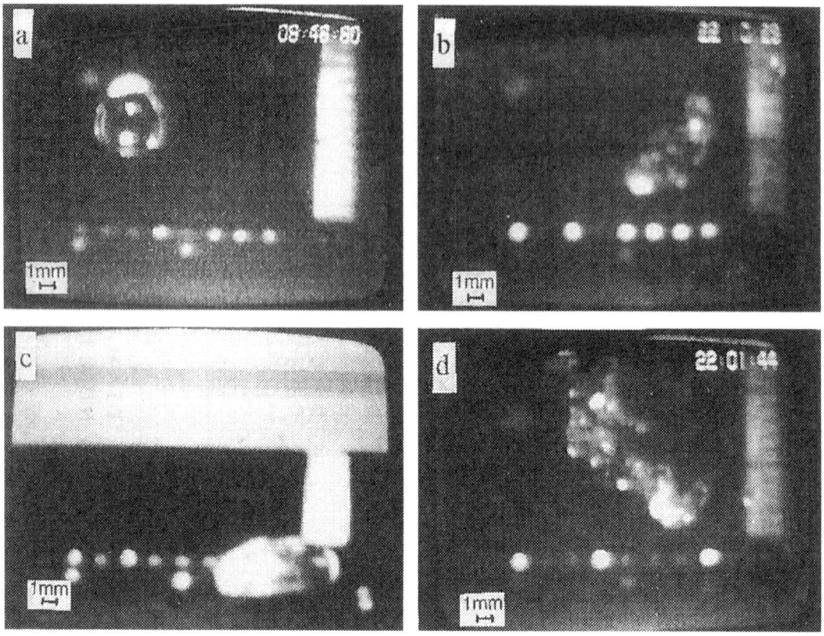

圖6.1　透過特殊的觀測器所觀察到的，積雨雲裡面的降水粒子　引用自 Takahashi eat al.（1995）

積雨雲層裡。即使被吸進去積雨雲裡的空氣到最後也會穿越整個雲群抵達高空，原本空氣裡含有的水蒸氣也會在穿越的過程中轉變成雲滴、水滴以及降雪粒子，停留在雲層裡。總之，積雨雲就是一種會從周圍大氣層中收集大量的水蒸氣，並且以水滴和冰粒子的形式儲存這些水分的雲。這個部分，和之前提到的多層的雲系統有著很大的差異，多層的雲系統是以縱向的方式收集各層的水分來降雨的。

在雲上方所形成的降水粒子會依照各個粒子的掉落速度落下，只不過空氣是以相當快的速度上升，所以從地表觀察的話，降水粒子看起來並沒有落下。總之，這些降水粒子會受到這些上升空氣的推升而停留在雲層裡。另一方面，過冷雲滴以及小的降水粒子也會跟著這些上升空氣一起往上提升。結果就是雲裡某一層的降水粒子會不斷地消費這些被帶上來的雲滴，進而有效率地成長。這一層的雲就會不斷的累積，並且以粒子的形式儲存水和冰雹，所以降水粒子也會急速的成長。

但是，當空氣停止上升，或者是推升這些粒子的上升氣流開始偏移的時候，原本儲存在雲層裡面的大量降水粒子就會開始以猛烈的速度往地面掉落，在降落途中融化轉變成雨滴。此時就會突然出現強降雨，而且開始降雨時會聽到啪搭啪搭聲，接著看到大顆的雨滴降到地面上。於下層收集周圍大氣層中的水蒸氣，然後在雲層裡以水滴以及冰粒子的形式儲存大量的水，並且在雲層裡讓降水粒子急速的成長，到達某一個階段就會嘩啦的一聲開始大量地降下強降雨，這就是積雨雲。

形成降雨雲以及旺盛的條件

積雨雲和一般對流現象最大的不同之處，也是最有趣的點在於，一開始一定要有個能夠把靠近地表的空氣強制提升的現象才行。比如說鍋爐裡面，或是浴缸裡面，靠近底部比較溫

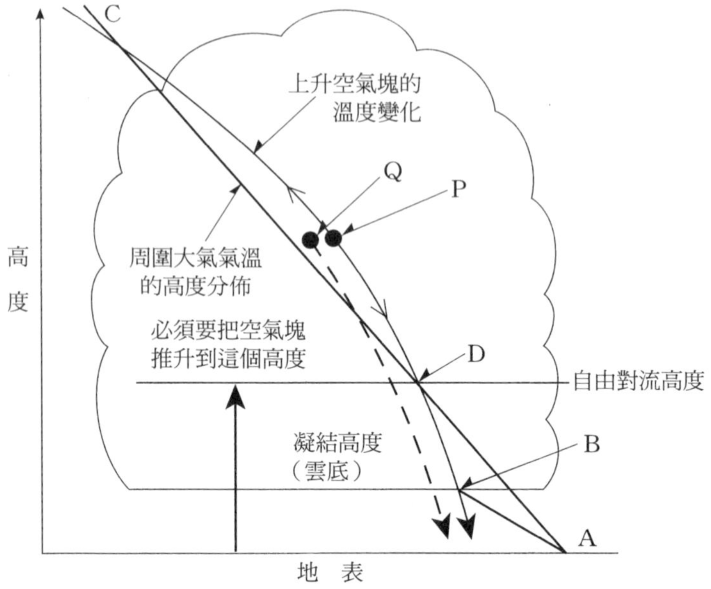

圖6.2　處於絕熱狀態的空氣塊從地表上升時的氣溫以及周圍大氣的高度變化　也代表著凝結高度以及自由對流高度

暖又比較輕的水會開始往上升，形成對流現象。實際上，即使是在大氣層裡，到了夏天，在溫度比較高的地表上，加熱變暖後的空氣也會偶爾形成一個熱氣泡往上升。但是，大多數的情形是如果沒有強制把空氣塊往上提升的話，就不會形成積雨雲，也不會發達。要形成積雨雲並發達，還有一個必要條件。

如同第三章提到的，空氣塊上升時會隨著高度膨脹，使得整個空氣塊的溫度下降。氣象學中把這個溫度降低的現象稱爲「乾絕熱遞減率」，空氣塊每上升100公尺，溫度大約會下降1℃。現在假設雲層周邊的大氣層溫度分佈如圖6・2裡面的曲線A—C所示。當地表的空氣塊上升時，一開始會因爲是以乾絕熱遞減率的氣溫下降方式上升（A到B的範圍）的關係，所以空氣塊的溫度會比周圍大氣的氣溫來得低，而且無法靠自己的力量上升，必須要靠別的作用力才行。當最終上升的空氣塊到達圖中的B點就會開始凝結，而當空氣塊推升超過這個高度（稱爲推升凝結高度，也是雲底高度）時，空氣塊就會開始以濕絕熱遞減率的氣溫下降方式上升，因爲濕絕熱遞減率的氣溫下降方式比乾絕熱遞減率的氣溫下降方式要來得小，因此當空氣塊上升到某個高度（圖中的D點）以上時，空氣塊的溫度會比周圍大氣的氣溫還要高。也就是說，這個時候的空氣塊會比周圍大氣更溫暖、而且還輕，因此會出現對流現象，使得空氣塊能憑著自己的力量持續往上爬升。這個高度稱爲自由對流高度。空氣塊的溫度和周圍的大氣溫度相比之下，空氣塊的溫度愈高，就愈容易上升，產生出來的積雨雲也就愈發達。就如同剛剛提到的，即使大氣的成層整體是處於容易出現對流的不穩定狀態，但實際上要讓對流現象之一的積雨雲出現並且發達，還是會需要某種可以強制把地表空氣推升到自由對流高度的外力才行。這種有條件的不穩定狀態，稱爲附帶條件的不穩定。當地球大氣中出現積雨雲這種對流現象時，大部分的時候，大氣的成層都是處於有條件的不穩定狀態。

正因爲有這個自由對流高度，加上形成積雨雲其中一個必要條件就是必須要有個外力把空氣塊推升到這個高度，所以積雨雲的性質以及變化方式才會變得如此複雜，以及非常有趣。雖然這是一種經常可見，平凡無奇的天氣現象，但是地球大氣層中的一個大特徵就是自由對流高度的存在。如果把前面章節提到的由多層的雲系統所產生的降雨當作是靜態的一方，接下來要詳細解釋的，由積雨雲產生的降雨就極具爆發力。一言以蔽之，就是因為有著自由對流高度的關係才會如此。

在此列舉幾個可以強制把地表附近的空氣塊推升到自由對流高度的方式（原因）。首先，像是冷鋒出現的時候，又冷又重的空氣團撞到了又暖又輕的空氣團，使得暖空氣順勢沿著鋒面往上爬升的情形。山脈也有著類似冷鋒的作用，當風撞到山脈時，有時候風推動的空氣塊也會順勢被風推上自由對流高度（如果是山的情形，經由太陽照射之後，山坡的溫度上升，此處的空氣塊也會跟著一起加熱，有時候也會因此直接開始出現對流現象）。筆者經常會看到經由冷鋒影響或是在山脈附近的形成並發達的積雨雲。接著是大氣層下層出現了空氣大規模聚集在一起，使得空氣不得不往上方移動的情況，最具代表性的例子就是颱風。颱風就是一個會製造出讓大量積雨雲容易發達的有利條件。說實在的，積雨雲最有趣的地方，就如同在第七章會詳細解釋的一樣，積雨雲本身降下來的雨也會把地表附近的空氣塊推升到自由對流的高度。

隨著強降雨順勢下降的氣流

到目前爲止所講述的，就整個積雨雲的生涯而言，還只是第一階段而已。第二階段的部分，會出現一個以對流現象而言，非常有趣的事情。大家應該都有經歷過，在夏天裡遇到雷雨來襲，雨還沒降落下來之前，突然會有一陣又冷又強的風吹過來的經驗吧！如圖6．3所示，這是因爲有一團冷空氣會隨著強降雨，順勢地從積雨雲一起下降到地表，在撞到地表時會擴散開變成一陣強風的緣故。雖然對流現象指的是比周圍更暖更輕的流體往上，或是比周圍更冷更重的流體往下的現象，但是冷空氣從積雨雲往下降形成的下降氣流也是一種對流現象。就如同接下來要說明的一樣，這一種隨著強降雨產生的寒冷下降氣流，也是地球大氣層中對流現象的幾大特徵之一。

當積雨雲進入到第二階段時，雲層裡已經累積了相當程度的水粒子，雖然其中一部分已經變成雨降到地表上，但是因爲雲層內的空氣含有大量的降

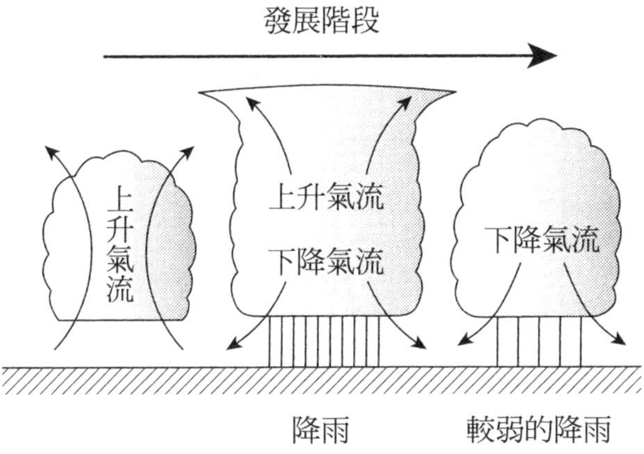

圖6．3　積雨雲的發展階段

水粒子，所以整個雲層的重量會變得非常重。換言之，就是代表著和空氣相比起來，處於落下狀態的降水粒子，會產生各自的重量（重力）且試圖把空氣往地面拉過去。因此，第二階段的積雨雲不是只有上升氣流，也會有和降水粒子一起往地表下降的氣流。

如同圖6．2所示，雖然含有雲滴上升的空氣塊溫度會隨著濕斷熱遞減率降低，但是上升的空氣塊溫度依舊是維持在比雲層外空氣還要溫暖的狀態下上升。如果在圖6．2中位於P點位置的空氣塊被裡面的大量降水粒子拉扯而往下降的話，只要空氣塊裡面還有水滴，那個空氣塊就會照著濕絕熱遞減率而開始升溫，不過當高度低於自由對流高度（D點）時，這一個空氣塊的溫度就會低於周圍的空氣，並且開始加速往地面下降。也就是說，伴隨著強降雨從雲層裡下降地表的冷氣流，就是空氣塊集團。

對於要形成寒冷下降氣流而言，從積雨雲周圍加入到雲層裡的空氣扮演著重要的角色。說實在的，就算是第一階段的積雨雲，當空氣穿過雲底上升到雲的內部時，同等量的空氣也會從外面穿過雲的側壁進來，和上升進到雲內部的空氣混合後再一起形成雲內的空氣。發達中的積雨雲形狀大致上可以算是圓筒形，之所以會變成這個形狀，是因爲有很多雲層外面的空氣混入雲層裡的關係，如果外面的空氣沒有跑進來的話，發達中的積雨雲會在上升氣流流速快的中段部分往內縮，看起來會像是沙漏般的形狀。上升中的空氣塊中會混入周圍進來的空氣，所以實際上空氣塊的溫度會介於沒有混入其他空氣的上升空氣塊氣溫P點與雲外的氣溫之間，如圖中的Q點。這也代表著上升的空氣塊溫度並不如預想的比周圍的空氣要來得高，或者是空氣塊上升的速度不會這麼快。因此，周圍的空氣跑進雲層內，對於處於第一階段的積雨雲而言並非好事，反倒是抑制了積雨雲的發展。

但是，當雲層內的空氣和雨一起下降的時候，狀況就會完全不一樣。從圖6・2中可以得知Q點的空氣塊下降時與P點的空氣塊下降比起來，Q點空氣塊的溫度會下降。總之，當空氣塊混有從積雨雲側壁跑進來的空氣時，和雨一起下降的空氣所產生出來的下降氣流，溫度會變得更低而且速度會更快。雲層內的空氣塊之所以會開始往下降，是因為雲層內降水粒子的重量以及被往下拉扯的力量給拉住，但是過程中雨滴的蒸發所帶來的冷卻效果卻會加速下降氣流，因此對於下降氣流而言，如果混入的空氣是乾的話，就會更加旺盛。地表附近出現的陣風，如下擊爆流以及微下擊爆流等，這些陣風跟寒冷下降氣流的發達都有著密切的關係。之所以在下層大氣溫暖潮濕，而且大氣中層空氣乾冷的環境中發展出來的積雨雲會引起這麼多的陣風現象，正是因為如此。有趣的是，對於地球大氣中的對流現象而言，除了大氣中要含有水分之外，重要的是也必須有一部分是乾燥的才行。

當積雨雲進入到第三階段時，主要的降水粒子就會落到地表上，整個雲層就會被微弱的下降氣流給占滿，雲滴也會開始蒸發，最終雲層就會消失不見。一般的積雨雲會在一個小時內經歷過圖6．3的生涯。如圖所示，對流雲的發展階段是從上升氣流開始，接著是上升氣流與伴隨降雨的下降氣流，最後才是微弱的下降氣流，然而對流雲是地球大氣層對流現象的基本單位，又稱爲降水胞（（Precipitation cell）。如同接下來要詳細解釋的積雨雲，正確來說是由一個降水胞所形成的雲。

第一階段的積雨雲會透過持續吸入下層的溫暖又潮濕的空氣來發展，第二階段則是會降下寒冷氣流，這個氣流會在地表附近變成強風往周圍擴散。從圖6．3可以看得出來，這個階段，下層的溫暖潮濕的空氣已經變得很難進入積雨雲。如果被雲吸進去的水蒸氣只是變成雲滴或是小冰粒子的話，那些雲滴或是小冰粒子就只會跑去上層並散播開來，一旦下層溫暖且潮濕的空氣還有剩，理論上積雨雲就會持續的發達且存在著。只不過，實際上雲滴和冰粒子會形成大的降水粒子，變成強降雨降落到地表上，所以也可以說積雨雲降雨這件事其實也是在減少積雨雲本身的壽命。有趣的是，積雨雲（正確來說應該要叫降水胞）的壽命也是由降雨來決定的。

積雨雲的觀測

積雨雲的觀測方法中，最簡單的就是拍照攝影了。不過與其說這是觀測，倒不如說是觀察比較好。特別是設定固定時間（比如說每15秒）拍攝積雨雲，之後再用普通的速度重新放出這些照片，就可以看到各式各樣大小不一的空氣塊在交替形成積雨雲，並且發達的樣子，有趣的地方在於是用肉眼就可以很清楚看到原本很難理解的積雨雲變化。這是任何一個人都可以做的觀察方式。當然，不要只用一台相機，而是利用兩台相機拍攝出立體照片，就能夠脫離單純的觀察，變成定量的觀測了。筆者年輕的時候也曾到夏威夷的高山上，花了一整天，除了肉眼觀察雲之外，還以15秒的間距手動按下16釐米相機快門拍雲。積雨雲層裡的氣流流動非常激烈，而且亂流也非常大，因此搭乘觀測用飛機飛進積雨雲來調查雲的內部是非常危險的，而且如果要詳細調查的話，還必須用上數台的觀測飛機，且花上大筆的經費才行。不過現在也沒有人使用這種方式了。圖6．1所使用的方法，就是在氣球上裝上特殊的觀測儀器，然後讓氣球飛到雲的內部，再把觀測的結果用電波傳送回來，而圖6．1就是這個觀測方式所得到的結果。雖然這是一個了解雲層內部構造的好方法，但是本質上和飛機觀測相同，只能看到一條線，所以無法掌握複雜且持續變化的內部構造的全貌。

目前最廣泛應用於觀測積雨雲的方法之一，就是雷達觀測。一般的氣象雷達是用於觀測降水粒子量的三次元分佈狀況，最近，世界各地用於觀測積雨雲的雷達裝置是都卜勒雷達。這種雷達是利用水粒子反射出來的電波頻率會因爲水粒子移動時產生些微變動（都卜勒效應）的情況，所以連雲內部的氣流分佈都有辦法觀測得到，在原理上等同於和職棒中所使用的測速槍一樣。一般而言，降水粒子和空氣呈現相對的落下狀態，除此之外，降水粒子會隨著氣流上上下下，有時候也會被氣流帶往橫向移動。而都卜勒雷達在觀測降水粒子數量的同時，也可以透過測量降水粒子的移動方式，來觀測雲內部氣流的立體分布狀況。但是都卜勒雷達只能測量雷達電波方向的降水粒子的動作，如果要正確測量垂直方向以及水平方向的氣流留宿的話，就需要同時使用到兩台，甚至是三台的都卜勒雷達才行。另外，因爲偵測對象是降水粒子，所以不用提到雲的外面，就算是雲的內部，也只有有降水粒子的領域才有辦法使用都卜勒雷達。

四十年前，當筆者還是研究所學生，剛開始進行雨的科學研究時，已經有幾個國家開始都卜勒雷達的觀測實驗了。當時，筆者也曾想過以後有機會的話，也想要自由地使用都卜勒雷達來觀測看看雨以及積雨雲。之後，光是爲了取得兩台筆者研究室專用的都卜勒雷達，就花了二十五年。至今，那些雷達仍在國內外各地到處轉移設置，在積雨雲、大雨以及大雪的觀測活動中持續地發揮作用。圖6．4就是積雨雲內部氣流的觀測範例。從圖片中就可以詳

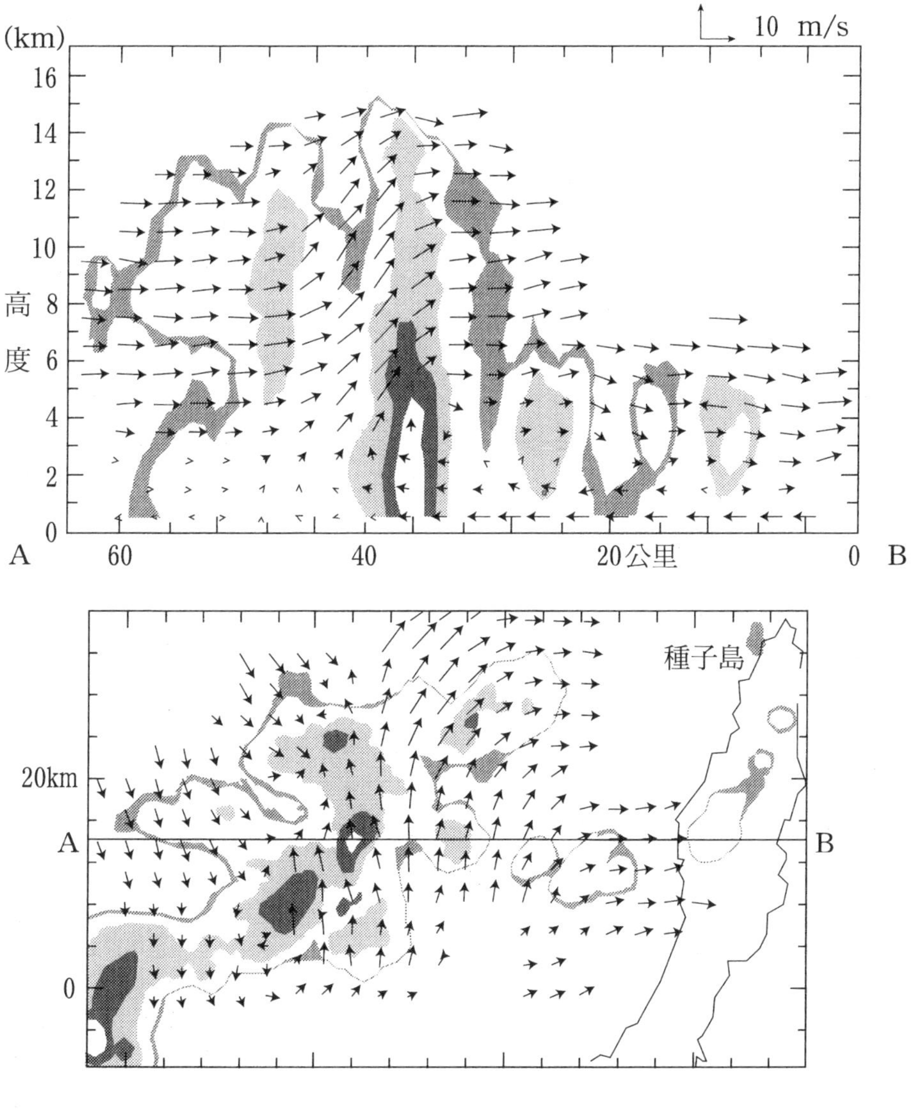

圖6.4 由都卜勒雷達在種子島周圍觀測到的積雨雲內部的雷達回波強度以及氣流分佈 高度3公里的水平分布狀況以及沿著A－B線的剖面分布狀況。顏色深淺表示的是回波強度，箭頭長度則是表示風速。

知雲內部氣流的立體分佈狀況了。下一章會講述到積雨雲有趣的構造以及活動方式，而且大部分都是透過都卜勒雷達才有辦法觀測到的內容。在日本，尚未建構好都卜勒雷達觀測網，不過美國已經在廣泛的地區且密集地大量設置互相聯繫配合的都卜勒雷達，這些雷達特別是在龍捲風的觀測、預警以及預防上，都可以有效地發揮作用。

第七章　宛如生物般的積雨雲

積雨雲會自我增殖

如果說到積雨雲擁有能夠自我增殖，以及自我組織化的性質的話，說不定各位會感到很不可思議。說實在的，對於生物爲何物這個問題，有個定義就是有著可以自我增殖且自我組織化的東西就是生物。積雨雲明明就是一種物理現象，但是卻擁有一個很有趣的性質：就是宛如生物般的移動方式。而且這一個性質還和積雨雲會降下強降雨一事有著密切的關係。

如圖7．1所示，第二階段的降水胞會伴隨著強降雨的寒冷下降氣流下降到地表時，往周圍一鼓作氣地擴散開來，形成一道強風。因爲這一陣風是由又冷又重的空氣所組成的，因此它會像是小型冷鋒一樣，把下層溫暖又潮濕的空氣往上推。如果往上推的力道夠強，而且高度分佈是處於適當的氣溫以及濕度，被推升上來的溫暖又潮濕的空氣就能夠突破自由對流高度。此外，自由對流高度也是對流雲發達的條件。最後，就會有一個新的降水胞在原本的降水胞附近形成並開始發達。因爲降水胞會藉由自己的作用一個接著一個生產出新的降水

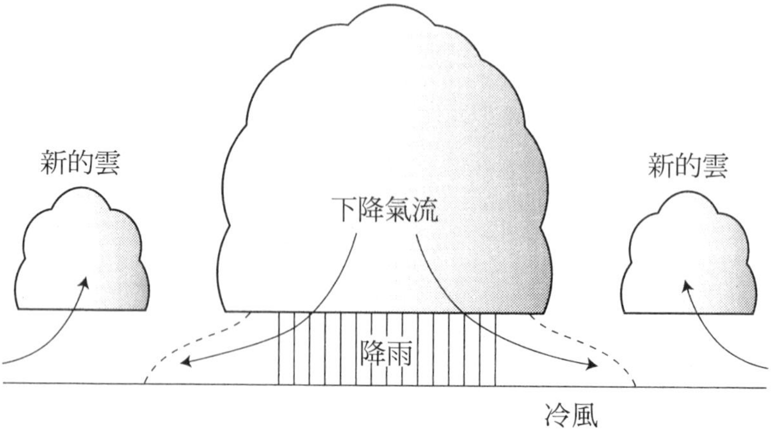

圖7.1　由積雨雲的下降氣流形成冷風而產生新雲的樣貌。

胞，所以才會說是降水胞的自我增殖。降水胞有著會集團化的性質。

在前面的章節中，講述了一個降水胞的生涯，當中還提到積雨雲是由單一個降水胞所形成，不過有時候積雨雲也會由複數的降水胞組成。有些降水胞在位於第一階段時，整個降水胞全都是上升氣流；有些降水胞則是已經進入第二階段後，內部是上升氣流以及下降氣流共存的狀態。因爲這種積雨雲是由各種位於不同階段的降水胞所組成，並且呈現不規則的排列方式，所以又稱爲「不規則的多胞型積雨雲」。各位應該都有過，在夏天裡雷雨來襲，強降雨結束之後，過了一陣子又開始下大雨，而且這個狀況還會持續很多次的經驗。由降水胞所組成的積雨雲有著和每一個降水胞的下降氣流以及冷風相同的作用，就是整個積雨雲會藉由此作用，可以在附近產生一個新的積雨雲。總之，就是積雨雲的自我增殖。積雨雲也經常出現集團化的狀況。

這裡再想一次自由對流高度。假設大氣層下層有一個地方的空氣濕度足夠引起對流現象，如果這個高度不是自由對流高度，或是自由對流高度非常低的話，只要有一個簡單的因素就有可能引起對流現象，因此會變成降水胞以及積雨雲在四處隨機發達。但是，一般而言，地球大氣的自由對流高度很高（大致上都會在距離地表數公里的地方），因此會需要能夠把下層溫暖空氣往上推的作用力以及機關。總之，降水胞或是降雨雲本身有能力可以把這個機關做出來。也可以說，正因爲有自由對流高度的存在，積雨雲才會出現集團化的情況。自由對流高度愈高，把空氣推過那個高度的作用力不只要更強，那一個機關也會變得更精妙才行。

周圍風的作用

到目前爲止講述的是大氣上層和下層都吹著同樣的風時所產生出來的降水胞，以及積雨雲的移動狀態，實際上的大氣則是會出現例如上層刮強風，或是下層南風，中層南西風以及上層西風等，會隨著高度出現不同風速不同風向的風。而風向會隨著高度改變的這個情況，也會對降水胞、積雨雲的構造以及活動方式產生複雜的影響。最不可思議也最詭異的一點就是，一般而言，風速以及方向會因爲高度產生非常大的差異這件事，不利於降水胞的發展，但是最發達的積雨雲且最有可能帶來強烈氣候現象的積雨雲，就只有在這種情況下才會產生。接下來就來揭開謎底吧！

一般而言，風向也會隨著高度改變。爲了能簡單說明，這裡先假設風只會朝著東西方向吹，如圖7．2中的(a)、(b)以及(c)。(a)全部的風都是西風，(b)則是上層吹西風下層吹東風，(c)則全部都是東風。就如圖所示，不管風向如何，大部分的雲都有著朝東邊傾斜的傾向。然後，(a)的部分，雲會往東移動，(c)會往西移動，而(b)則是下層會受到風的影響而慢慢的往西移，不然就是幾乎不會動。

實際上，若是把雲的動作分開看的話，對於降水胞、積雨雲的構造以及活動而言，最重要的是上層風與下層風的差異（正確而言，應該是雲層中，上下風的差異）。假定往東的方向爲X軸的正向，那麼西風的風速就會變成正的，東風的風速則會變成負的，(a)、(b)和(c)，不管風向爲何，上層風速減掉下層風速，也就是上下之差會是正的，數值也都會相同。這個上下風的差異稱爲垂直風切，對於接下來要講述的情況而言，這一個數値和到目前爲止提到的大氣層的不穩定度都是非常重要的因素。當上下的風速差異大時，就稱爲垂直風

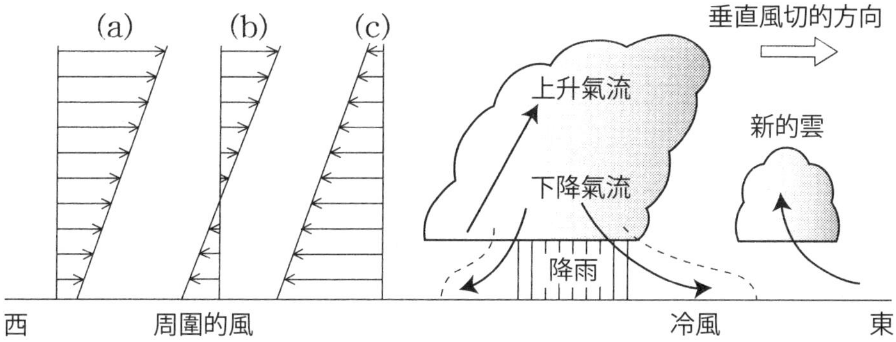

圖7.2　在大氣中，風向和風速會隨著高度而改變的積雨雲。　由積雨雲的冷風所產生出來的新積雨雲，從積雨雲的位置來看，會在原本積雨雲垂直風切的下風處產生。

切大，以圖7．2來舉例的話，就會說往東垂直風切。另外，當風如圖7．2所示的話，西側會稱是垂直風切的上風處，東側則是稱爲垂直風切的下風處。換句話說，一般而言，降水胞會傾斜向垂直風切的下風處。

為什麼受到風的垂直風切影響，傾斜之後降水胞就不容易發展呢？雖然無法簡單直接說明是因爲雲層裡最溫暖的地方和上升氣流最強的地方不一致，或是上升氣流的運動能量被周圍大氣的風的運動能量吸走了，但是，容易讓周圍的空氣混入雲內這一部分，也是妨礙降水胞發展的理由之一。如同從圖7．2中可以得知，從往右側傾斜的降水胞所降下的降雨，以上升氣流的角度來看的話，是往風切的下風處（右側）偏移，因此下降氣流也會同樣的往右偏移。總之，從上升氣流來看寒冷下降氣流的話，寒冷氣流會是位於垂直風切下風處。

風的垂直風切不僅會妨礙到降水胞的發展，還會對降水胞產生一個非常特別的作用。當垂直風切還不大的時候，就會如圖7．1所示，從寒冷下降氣流擴散出來的強風擁有著在原本的降水胞附近任何一處製造出新降水胞的能力。但是當垂直風切變強時，只有特定某些地方才容易產生新的降水胞。在圖7．2中，原本的降水胞右側，也就是垂直風切的下風處是比較容易形成新降水胞的地方，左側則不容易形成。簡言之，因爲附近的風經常進到雲裡面的關係，下降氣流就會把進到雲層裡上空的風帶到地表。因爲下降氣流產生出來的風還會再加上這些上空進來的風，如圖7．2所示的話，不管是(a)、(b)還是(c)，降水胞的右側，在風切的下風處，降水胞所產生出來的冷風就會和地表附近周圍的風產生強烈的碰撞，下層溫暖又潮濕的空氣則會加快速度上升，以及更容易產生新的雲或是降水胞。如同剛剛所提到的，風的垂直風切是透過把從下降氣流產生出來的風所製造出降水胞的力量集中在特定地方，使得該處容易產生新的降水胞。

擁有規則構造的積雨雲

大氣狀態如圖7．2的話，垂直風切的下風處會形成新的降水胞，接著又會有一個新的

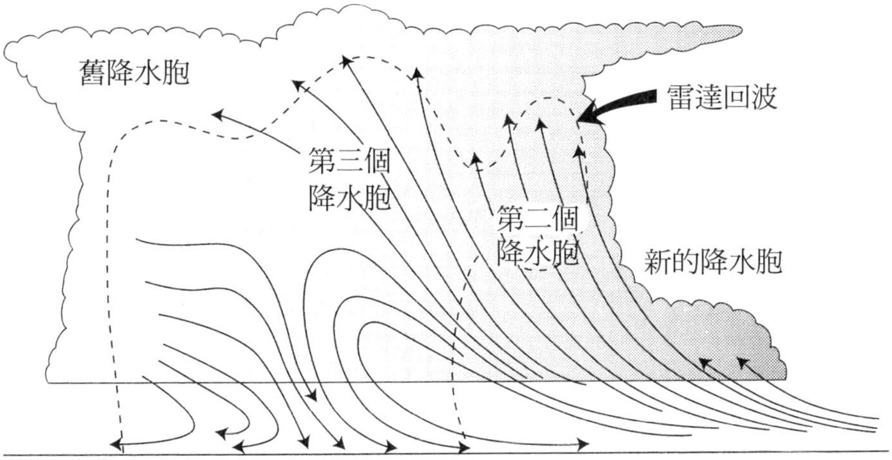

圖7.3　組織化後的多胞型積雨雲的構造

降水胞在垂直風切的下風處形成。有趣的地方在於，經常會有一個接著一個新的降水胞在原本的降水胞附近形成，而且這些降水胞共同組成了一個積雨雲。圖7．3就是積雨雲的模型圖。最右邊的降水胞是最新形成的降水胞，且正處於發達期，而左邊那一個降水胞則是已經發達一陣子，且伴隨著強降雨的下降氣流。在隔壁的降水胞已經進入衰退期，降雨開始轉弱，下降氣流也轉弱，最左邊的降水胞則是已經差不多要消失了。另外，這些降水胞在最右邊（垂直風切的下風處）產生出新的降水胞之後，都會隨著發達階段在積雨雲層裡慢慢轉移到左側（風切的上風處），最後，就會從最左邊的降水胞開始消失。

這種積雨雲的構造具有規則性，形成新降水胞的方式也很規律，因此稱爲「組織化後的多胞型積雨雲」。這種雲在垂直風切強，大氣層的成層不穩定度大時經常會看到，因爲這種雲就算是在垂直風切強的情況下，也會發達起來，所以也會經常伴隨著強烈的氣候現象，如下冰雹等。當然，在日本也經常會見到這種雲。如同前面所提到的，新的降水胞會在垂直風切的下風處產生，但是風吹方向如圖7．2中(a)的話，新的降水胞將能夠在積雨雲前進方向的前方一個接著一個形成。在這種情況下，整個積雨雲會爲了讓每一個降水胞的移動能夠與新形成降水胞的兩邊重疊，而快速地移動。如同風吹的方向是圖7．2中(c)的話，有時候會讓整個積雨雲停滯不動。要注意的地方是，組織化後的多胞型積雨雲要達到非常發達的狀態，需要花上數個小時，有時候甚至得花上更多的時間。積雨雲受到附近風吹的幫助，藉著雨和寒冷下降氣流的作用，正是自我組織化的例子之一。

〈往上風處傾斜的奇妙積雨雲，什麼是超級胞〉

大自然還製造出更不可思議的積雨雲，那就是稱爲超級胞的積雨雲。如同圖7．2所示，大部分降水胞內的上升氣流會往垂直風切的下風處傾斜，但是有時候會出現上升氣流往垂直風切上風處傾斜的降水胞或是積雨雲。當這種上升氣流形成之後，就有可能會出現如圖

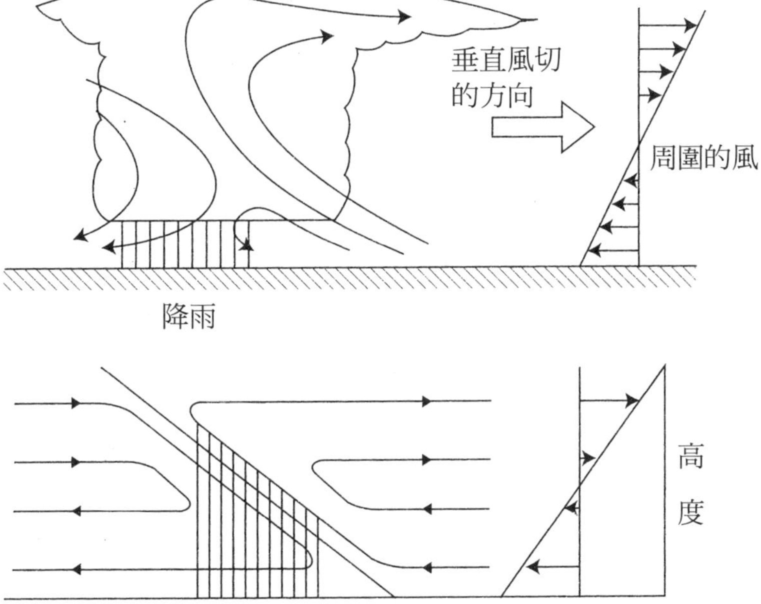

圖7.4　超級胞積雨雲的構造 (a) 與降雨 (b) 之間的關係圖。

7．4對於降水胞的發達以及維持而言非常有利的構造。換言之就是，往風切的上風處傾斜的上升氣流，相對的也會在風切上風處降下降水粒子。而這些降水粒子不僅不會妨礙上升氣流的發展，還會因爲降水粒子脫離了空氣，使得空氣變得更輕，上升氣流更容易發達。因爲降水粒子是從風切上風處進入到雲內的乾冷空氣中落下的，因此有了降水粒子的重量以及蒸發冷卻的作用，能夠有效率的產生出強烈的下降氣流。有趣的是，降水粒子從產生降水粒子的空氣塊離開落下，再進從雲外部進入內部的空氣塊，這一個過程會讓溫暖的上升氣流以及寒冷的下降氣流同時發達。不同於圖7．3的情況，相對於上升氣流，這個下降氣流是位於垂直風切的上風處。

這一個構造對於長時間維持降水胞而言，是非常有利的。由於寒冷下降氣流也會把上空的風往下方運送的關係，因此會產生出一道在風切下風處和下層的溫暖潮濕空氣產生強烈撞擊的風。這一道風所產生出來的效果會不同於圖7．2，不會影響到溫暖又潮濕的空氣供給原本的上升氣流，反而是可以積極的持續供給溫暖又潮濕的空氣給原本的上升氣流。接著，往風切上風處傾斜的上升氣流，也會因爲氣流中降水粒子的作用，持續產生強烈的下降氣流。總之，這樣的構造不會隨著時間改變，反而會有著可以持續維持的性質。再者，與圖7．2的情況相反，這一個構造也可以把周圍風的動能轉變成降水胞的動能來使用（因爲這部分的說明很複雜，故省略），不僅可以維持降水胞的存在，還可以使得降水胞更加發達。有些普通大小的降水胞會呈現出這種結構，偶爾也會出現由一個擁有這種結構，而且非常巨大的降水胞所組成的積雨雲。這種積雨雲就稱爲超級胞（超大胞），會引起龍捲風或是落下巨大冰雹等非常劇烈的氣候現象。這種雲也是一種會自我組織化的積雨雲。

在日本，常見的冰雹最多就是直徑一公分左右的大小，有時候日本也會出現跟高爾夫球大小差不多的冰雹。圖7．5(a)是二零零二年五月在日本尼崎落下的冰雹照片。對於大氣

（a）　　（b）

圖7.5　2002年5月在尼崎落下的冰雹 (a)，以及冰雹的剖面圖 (b)　(a) 是由出世ゆかり（Yukari）提供，(b) 則是引用自C.A. ナイト及N.C. ナイト。

條件和日本稍有不同的國家，如北美、加拿大或是中國，當地會落下如同棒球大小，甚至到壘球般尺寸的冰雹景象絕非少見。因爲大冰雹掉落速度會達到每秒數十公尺，所以必須要有風速比冰雹落下速度還快的上升氣流長時間支撐才行，但是這種大小的冰雹沒有這麼容易形成，因此必須要讓冰雹在雲層裡不斷地不斷地循環才行。圖7．5(b)是冰雹的剖面圖，可以看到有好幾個同心圓狀的環，這就是這塊冰雹在雲層裡循環了好幾次的證據。在下降氣流中落下的冰雹在下層被上升氣流吸進去，又被送往上空，接著又隨著下降氣流落下，應該可以從圖7．4中想像得到，這種循環非常容易出現在由超級胞組成的積雨雲層裡。雖然關於在尼崎降下冰雹的積雨雲是不是超級胞這一個問題，在還沒有詳細調查之前無法知道答案，但以在日本出現發達到可以落下冰雹的積雨雲而言，這是一個非常有趣的例子。

那麼，超級胞這種特殊的積雨雲是怎麼形成的呢？爲了可以簡單說明，先假設風吹的方向是如圖7．6，垂直風切的方向是朝右。這個時候在地表上某個點放了氣球，這時候氣球應該會呈現如圖7．6(a)那樣，往右傾斜的排列方式。總之，從地表開始，積雨雲內的空氣塊也會呈現和氣球一樣的排列方式，最終結果就是會形成往垂直風切下風處傾斜的上升氣流。接著，從速度跑得比上空的風速快，向右前進的汽車上一個接著一個釋放氣球，這一次這些氣球應該會呈現如圖7．6(b)向左傾斜的排列方式。總之，只要可以比上方風速還快的速度往右邊移動，又可以同時快速的把下層溫暖又潮濕的空氣快速地往上提升就可以了。實際上有很多可能性，例如隔壁積雨雲產生的下降氣流所形成的強烈冷風，或者是好幾個降水胞或積雨雲產生出來的冷風合併成一個強烈的冷風等。另外，當風吹的方向如圖7．2(b)時，說明會變得比較複雜，但基本上會等同於圖7．6的說明。

組織化後的多胞型積雨雲以及超級胞型的積雨雲，在現象上而言，是兩種不同的積雨雲，但不管哪一個都是巧妙的自我組織化後所形成的雲，本質上的形成機構差異並沒有這麼大。現實中，根據積雨雲的不同，有時候會呈現組織化後的多胞型構造，其他時間則有時候會呈現超級胞型的構造。不管是哪一種雲，這些雲都會透過降雨來自我組織化，再帶來長時間持續性的強降雨，因此非常有趣。

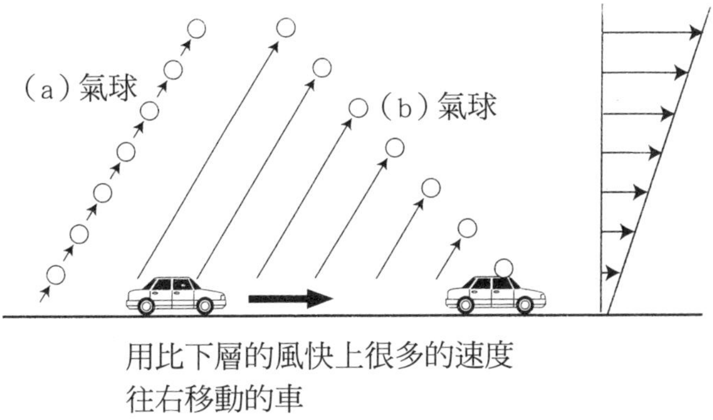

圖7.6　把氣球放在有垂直風切的風中之後的排列順序
(a) 是在固定地點釋放的氣球，(b) 則是從速度比風還快的車子上放開的氣球。

到目前爲止，爲了講求簡單，都是透過一個垂直面中氣流的平面排列方式及構造來說明的，但實際上積雨雲的排列方式是立體的，而且氣流的排列也相對複雜許多。特別是超級胞型的積雨雲，有時候也會偶爾出現整個雲大旋轉的情況。但是，關於積雨雲的自我組織化部分，基本上到目前爲止的說明應該是已經足以理解了。

積雨雲的地區性差異

如同剛剛所提到的，降水胞是帶來強降雨的形成要素之一，這個降水胞與積雨雲的構造及移動方式，再加上自我增殖以及自我組織化等都是非常有趣的現象，但也相當複雜。另外，還有一個很有趣的事情，那就是雨並非只是雲發達之後所產生的結果，而是會深受到降水胞，以及積雨雲的發展狀況和移動方式的影響。雲周圍的風，以及雲層裡的氣流等，這些流體力學、熱力學現象以及降水粒子的形成等微觀物理現象會互相影響，且對對方互相產生複雜的回饋，因此當大氣的條件不同時，積雨雲性質也會不同。

有趣的是，位於陸地內部的積雨雲，大氣較爲乾燥的關係，有時候雲底高度會高達四公里。不管是組織化後的多胞型積雨雲還是超級胞型的積雨雲，在陸地上出現的積雨雲和日本常見的積雨雲相比起來，陸地上的積雨雲會發展成非常巨大的雲，且會帶來非常劇烈的氣候現象，如大冰雹以及龍捲風等等，也就是會傾向形成劇烈風暴（Severe Storm）。和這種雲相比起來，在日本大氣比較潮濕的地區會出現的積雨雲雲底高度大約是一公里左右，氣候現象的部分則是會出現強降雨或是豪雨。也就是傾向形成豪雨（Rainstorm）。

如果大氣下層是潮濕的，那麼自由對流高度當然就會比較低，也可以說容易因此產生積雨雲的自我增殖以及之後的自我組織化，但是在陸地內部，雲底高度很高，自由對流高度也會很高的關係，如果從下降氣流產生的冷風推升空氣塊的力量不夠強力的話，就比較無法突破自由對流高度，因此也比較不容易產生自我增殖以及自我組織化。但是，當地表附近的空氣變暖，由於整個大氣中會儲存對流能量的關係，一旦這個能量要釋放出來時，這股能量會是一口氣全部釋放出來，因此形成的積雨雲會非常巨大，而且帶來的氣候現象也會非常劇烈。

第八章　集中在一起的豪雨

非常局部的豪雨

在日本，每年各地都會出現豪雨，且在當地帶來相當大的災害。二零零零年九月出現的東海豪雨，還記憶猶新。如同先前重複說明的，地球大氣中對流現象的特徵是，透過強降雨容易集團化這一點，因爲會帶來豪雨的雲基本上就是積雨雲，換言之就是，豪雨在空間上會集中在一起的這個現象，也可以說是地球大氣最大的特徵。而日本就是地球上容易出現集中豪雨，是個很有趣的區域。

集中豪雨這個詞，原本是從報紙或是電視等大衆媒體開始使用的詞，在氣象學中並沒有嚴謹的定義。大致而言，指的應該是數小時內所降下的數百毫米降雨，且集中在直徑數十公里左右狹窄區域的降雨現象。比如說一九八三年九月名古屋市出現的豪雨，新聞報導上是用「典型的集中豪雨」來形容這次的降雨事件。一般而言，積雨雲會一邊移動一邊降雨，因此一個積雨雲在一個地方降下1小時50毫米以上的降雨現象並不多，只不過這個例子是名古屋市內降下1小時80毫米以上的雨量，當時剛好是小學生的下課時間，所以才會導致5名學童被沖進因雨勢過大造成積水氾濫的道路排水溝中身亡的不幸事故。這個積雨雲是在環繞於颱風中心的複數旋渦狀雨帶（Rainband）中所形成的，這種雨帶又稱爲螺旋雨帶。雖然整個名

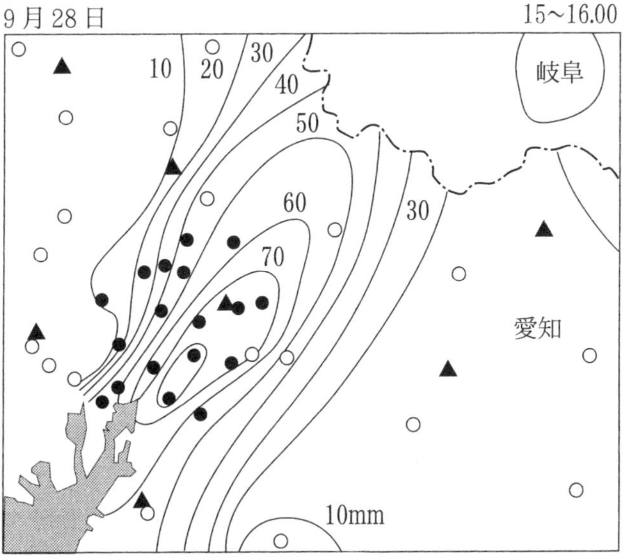

圖8．1 1983年9月在名古屋市出現的局部性豪雨，15點到16點為止的雨量分佈。 ○、●、▲爲雨量觀測的地點。

古屋市上空每數十分鐘就會有一個積雨雲通過，但這一個下午3點到4點之間通過名古屋市上空的積雨雲急速地發展起來。如圖8．1所示，在這個時間帶，名古屋市內降下70毫米以上的雨量，有的地方甚至記錄到80毫米以上的雨量。但是，2點到3點這個時間帶，名古屋市的雨量頂多只有30毫米，而且4點到5點之間的雨量甚至是連10毫米都不到。這是一個積雨雲在急速發展

起來，於短短一個小時的時間內所帶來局部豪雨的例子。

目前要預測一個積雨雲急速地發展，並在一個非常狹窄的區域裡降下豪雨的現象，是件非常困難的事。另外，就算是要即時報導豪雨現況，也會因爲這個豪雨的雨勢實在是太大了，連雷達電波都無法完整通過的關係，就算使用名古屋地區氣象台的雷達，或是名古屋大學的雷達，也都無法完整觀測到這一個一邊通過名古屋市一邊發展的積雨雲，以及掌握這個積雨雲的構造。在日本各地都市，雖然道路施工（中文沒有鋪裝一詞，有也不是這樣用，或是鋪路工程？）、下水道以及排水機制都算是相當完善，但是在設計上，由於都是預想1小時爲50毫米左右的降雨量，因此當降雨量超過原本預想時，就一定會出現氾濫或是淹水的情況。這種水災也可以說是新型態的都市型災害。雖然這不是很常見的現象，但是積雨雲的確是有可能在1小時內降下50毫米以上的雨量。

〈再小也是超級胞〉

一九八三年七月，在日本愛知縣春日井市降下的豪雨，是由一個積雨雲所帶來的，非常局部性的豪雨，在氣象學上是個非常有趣，且應該要關注的一場雨。如同圖8．1所示，春日井市在15點到18點之間，降下了183毫米的雨量，市內各地區都出現了地板上淹水和地板下淹水（譯註：日本住家大多為木造建築，房內地板高度通常都是距離地面50公分，因此床下浸水指的是淹水高度50公分以下，而床上淹水指的是淹水高度超過50公分。此為日本特有的比喻方式。）。但是，如同圖示，這一個豪雨沒有出現在間隔平均17公里的AMeDAS觀測站（▲）的紀錄中，只有一部分設置在春日井市中的愛知縣府觀測站有觀測到這次的豪雨。從這裡應該就可以知道這一次的豪雨到底有多局部了。名古屋大學的雷達有詳細觀測到這次的氣候現象，只是最有趣的地方在於，這一場豪雨是由單一個特殊的積雨雲所帶來的。當天，在周邊有好幾個積雨雲形成，但是從雷達回波來看，這些積雨雲後來都往北西移動，而且30分鐘內就消失了。但是，只有春日井市上空的積雨雲沒有消失，持續地存在著，而且還停滯在春日井市上空約三個小時。

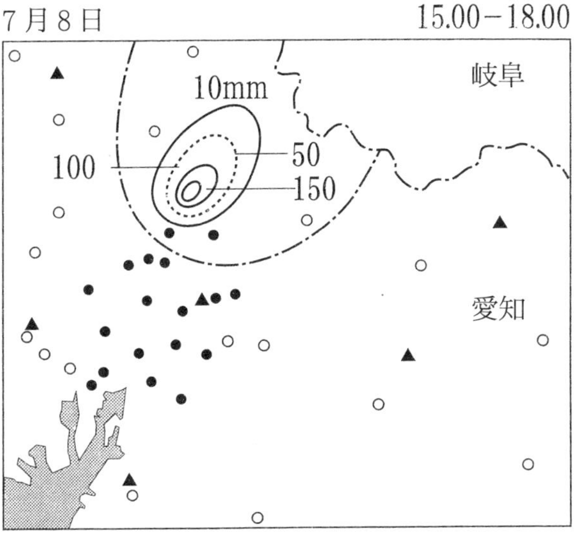

圖8.2 1983年7月三育在愛知縣春日井市出現的局部性豪雨，圖為15點到18點為止的雨量分佈。
引用自瀨古．武田（1987）

這個積雨雲的幾個特徵在於，透過雷達所觀測到雲的立體結構，在這三個小時內幾乎沒有變化，而且即使這個雲在18點之後緩慢地往南移動，在移動的這兩個小時內，雲的構造依舊沒有任何改變。

這裡先省略詳細的說明，一般認爲，這個積雨雲基本上穩定地維持著與前面所提到的超級胞型積雨雲相同的構造。而且還長時間停滯在同一個地方。要注意到的是，這個積雨雲的雲頂最多只有十公里左右，不同於到目前爲止多以歐美爲中心出現的巨大超級胞積雨雲，這是小型的。普通的超級胞積雨雲會引起非常強烈的天氣現象，如龍捲風或是大冰雹等等，但實際上的降水量卻沒有很多。另一方面，停滯在春日井市上空的這一個超級胞積雨雲，就算大小是屬於小型的，卻也帶來了三小時183毫米的雨量，非常有效率地製造出雨滴，並且持續不間斷地降雨。所以才會說日本的積雨雲有個非常有趣的特徵。

雖然這是題外話，但是這一個積雨雲的觀測，是由筆者研究室的研究生S君所做出來的。這麼有趣的積雨雲，做了一百次的積雨雲觀測都還不知道是否能找到一次。S君喜歡登山，經常會把研究主題放到一旁，不大願意來研究室做觀察。但是那一天不知道吹了什麼風，就這麼剛好來到研究室，而且開始做雷達觀測的時候，還剛好春日井市上空就出現了特殊的積雨雲，所以才能完整的觀測到那個積雨雲的生涯過程。接著，S君便以這個觀測資料爲基礎，發表了一篇非常好的研究論文。之後，S君也有過好幾次類似的情況。有句話說，運氣也是才能的一部分，看S君那個樣子，果眞如此。

以線狀排列的積雨雲群

一個積雨雲也可以降下豪雨，但若是要降下數百毫米雨量的豪雨的話，就必須要有數個到數十個發達後的積雨雲通過豪雨地區，並且一個接著一個降雨才行。實際上，日本大部分的集中豪雨都是由線狀排列的積雨雲群所引起。有趣的是，地球上各地的積雨雲群也經常出現以線狀排列的樣子，而且是常出現到會讓人不禁覺得是這些積雨雲想要以線狀排列的程度了。以線狀的積雨雲而言，也是研究最有進展的，就是稱爲颮線的氣候現象。所以在提及帶來集中豪雨的積雨雲群之前，先來說明颮線吧！

颮線的最大特徵是長度會有數十公里，有時甚至超過一百公里以上的積雨雲群會呈線狀排列，帶來強降雨以及打雷及強風等劇烈的氣候現象，並且同時間快速地移動。總之，颮線的移動方向不同於積雨雲所排列的線的方向，而是比靠近地表與線正交方位的風速還要更快，有時候還會往與地表吹的風向相反的方向移動。因此，即使颮線會帶來相當嚴重的各種災害，但是如果以單一地點來看的話，颮線並不會帶來長時間劇烈的現象，也幾乎不會形成

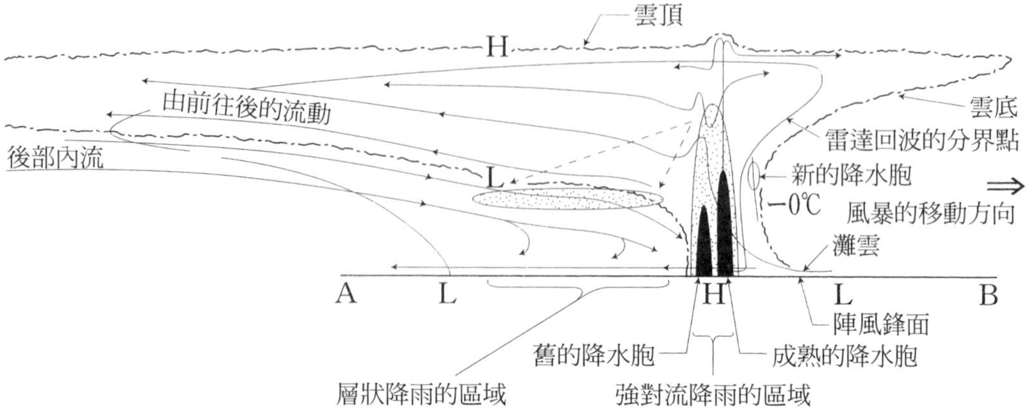

圖8.3　颮線的構造　有箭頭的線指的是與颮線相比之下的氣流方向，有影子的部分與塗黑的部分指的是雷達回波強的部分。引用自Houze他（1989）。

豪雨。當然，日本也會出現颮線。

圖8．3的颮線剖面圖是以模式方式所繪製而成。整個現象是往圖的右方移動，其特徵是，在佔據整個主要部分的已發達積雨雲（或著是說降水胞）的前方形成了一個新的積雨雲（或著是說降水胞）。隨著時間過去，新形成的積雨雲會開始發達，變成主要的積雨雲，舊的積雨雲就會往颮線的相對後方移動，終至消失。這個構造與之前提到的組織化後多胞型積雨雲的構造與性質非常相似。之所以颮線可以比地表的風更加快速地移動，除了是佔據整個主要部位的積雨雲受到上空的風影響，使得移動速度變快之外，還有受到前方新的積雨雲一個接著一個形成所導致的緣故。

颱線另一個重要的特徵是，這些雲是一種從中層延伸到上層，並且往後方廣闊延伸出去的層狀雲，有時候會在後方一百公里以上的區域裡降雨。雖然到目前爲止尚無法完整且詳細地解釋維持這種雲的機構，但是這種雲並非單純的如雲砧一般，從積雨雲的上部整個擴散開來，而是比較像是由比積雨雲所佔據的空間還要大的上升氣流維持著。這種層狀雲會由各式各樣的降雪粒子所構成，而且這些降雪粒子會在落下，而且到達氣溫低於0℃的高度時融化，變成地表上廣域的降雨。當然，在雷達觀測上，就會變成第四章所提到的亮帶。

就如同剛剛所提的，颱線是由線狀的積雨雲群以及廣域的層狀性雲所構成，整個颱線會維持持續這個狀態數小時到數十小時並且快速地移動。雖然颱線會帶來相當廣域的降雨，但是因爲移動速度很快，所以不會在某一特定區域帶來大量降雨，也就是說，雖然颱線也被稱爲「快速移動的線狀積雨雲群」，但並不會帶來集中豪雨。雖然在小區域帶來豪雨的積雨雲群大部分都是「緩慢移動的現狀積雨雲」，但實際上，此積雨雲的研究案例和颱線的研究相比相當的少，因此非常遺憾的，尚未有更近一步的發展。

集中豪雨的具體例子

集中豪雨是一種當大氣充滿著可以帶來大量降雨的水分，以及當足以引起劇烈對流現象的不穩定能量時，在大氣中出現的一種破壞性氣候現象。最近的天氣預報已經可以相當的準確預告豪雨可能會在哪裡出現，但是因爲集中豪雨是一種破壞現象，所以要事先預測到集中豪雨會在什麼時候，在哪裡出現還是件非常困難的事。另外，如果想要詳細地調查這些因緩慢移動或是停滯不前而帶來集中豪雨的這些積雨雲的構造或者是從形成、發達到消滅的過程，對於一般的氣象觀測網而言，這些積雨雲的尺寸過小且壽命也過短。爲了想要釐清集中豪雨的機構，首先要事先臨時且密集地設置好各式各樣的觀測儀器，接著還要爲了這次的觀測特別建構出一個觀測網，最後才能等待會帶來集中豪雨的積雨雲雲群形成，只不過因爲連這個積雨雲什麼時候、在哪裡會形成都無法預測的關係，因此集中豪雨的研究依舊是非常困難。

在這裡列舉出兩個實際在日本發生的集中豪雨的例子，藉此來具體說明集中豪雨的特徵。這兩個例子，都是出現在平常幾乎不會出現降下雨量超過數百毫米豪雨的地區，由此可見豪雨的災害有多嚴重。

〈2000年九月發生的東海豪雨〉

東海豪雨，在位於平原的名古屋市一天內降下了580毫米的降雨量，這是名古屋市平均年降水量的1/3。讓人留下了在日本列島中沒有絕對不會出現集中豪雨地方的深刻印象。另外，都市中心的淹水跟氾濫非常嚴重，也讓人注意到前面提到的新都市型災害的幾個重要問題點。圖8．4是九月十一日0點到十二日9點爲止的總雨量分佈圖，從這裡可以知道這次的大量降雨集中在多麼小的區域。位於日本列島南方海上的颱風把大量的水蒸氣送進日本，另外剛好這個時候日本上空有著秋雨鋒面，也讓整個日本列島形成了到處都有可能降下豪雨的條件。

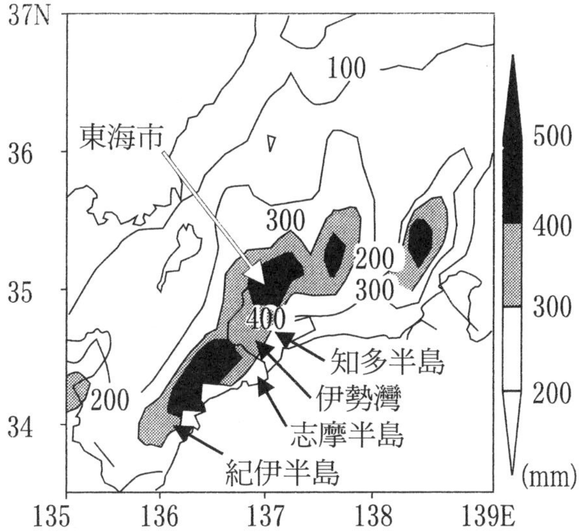

圖8．4 2009年9月出現的東海豪雨在11日0點到12日9點為止的總雨量分佈圖

圖8．5是以雷達觀測爲基礎所推算出來，十一日13點到15點爲止的雨量分佈圖。雨量40毫米以上的降雨帶往南北方向延伸約100公里。這是降雨帶緩慢地往東移動，最終以通過名古屋市上方的方式停滯在上面的緣故。這個降雨帶如颱線般，是由好幾個積雨雲所組成的，和颱線不同之處在於，降雨帶是

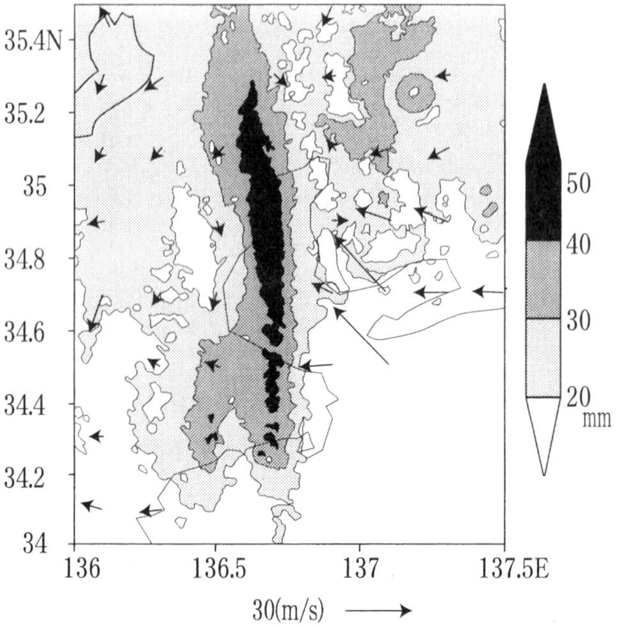

圖8．5　東海豪雨11日13點到15點為止的雨量分佈圖與地表風向的分佈圖。　但是，雨量是雷達所觀測，高度3公里的資料。

朝著降雨帶的方向移動的。如果積雨雲是正確地沿著降雨帶的走向移動的話，降雨帶就會停滯下來，如果降雨帶的走向是稍微往東的話，降雨帶會整個緩慢地往東移動。東海豪雨的降雨帶幾乎是停滯不動的。

要在同一個區域連續降下數小時的豪雨，不只是要讓整個降雨帶停滯不動，也必須要讓降雨帶持續地存在才行。這一個降雨帶有趣的地方在於，降雨帶的南端附近一直有新的積雨雲產生，新的積雨雲一邊發展一邊往北移動，因此降雨帶才能整個停滯不動且同時持續地存在。從圖8．5中所示的下層風向中可以得知，沿著降雨帶往北移動的積雨雲，是透過下層南東風把東側的對流的不穩定能源以及水分帶入來補充並

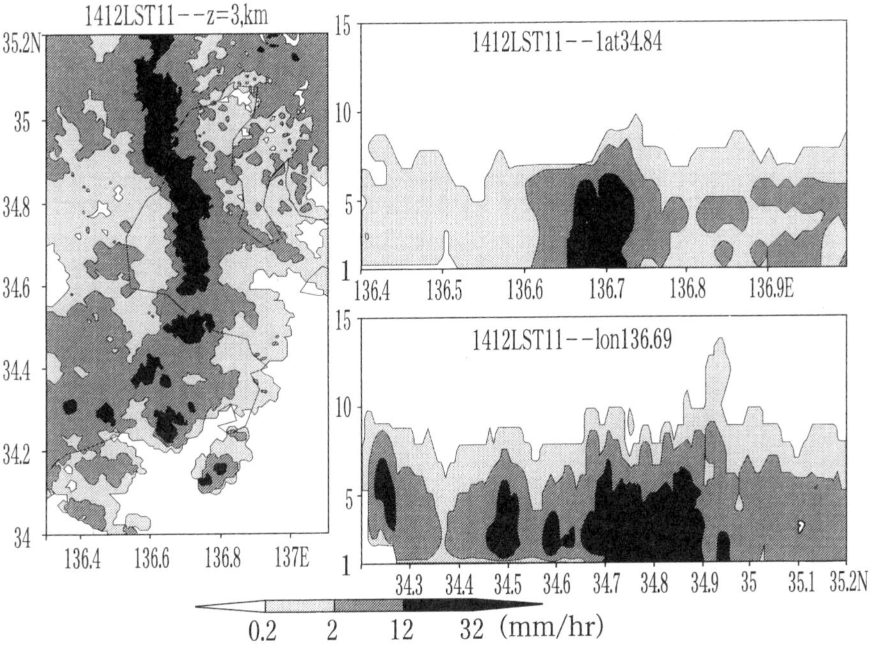

圖8.6　圖8·5所示降雨帶的垂直剖面圖　圖爲11日14點12分的雷達回波強度圖。

且發達，同時也把雨存積在雲內。圖8·6是積雨雲移動之後的雷達回波強度平均圖，可以看到降雨帶的中心部分呈現垂直構造。要注意的地方是，從中央稍微偏北（以圖而言是右側）的部分，也就是名古屋市或是東海市附近的雷達回波最強，回波高度也變高。換言之，大部分從南邊沿著降雨帶移動的積雨雲抵達名古屋市以及東海市附近時，剛好就是發展成帶來最強降雨的時候。

或許可以說是這些積雨雲一邊發展一邊移動，一口氣把蓄積在雲內的雨大量地降落在名古屋市以及東海市附近。東海豪雨就是這種現象。簡言之，東海豪雨，指的是兩天內有三個水平規模比降雨帶還要大的氣象擾動通過這個地區，因爲這個動向，降雨帶的東側與西側風的風場改變，所以降雨帶重複了三次盛衰。這個部分可以從豪雨區域的降雨強度在每數小時就會重複變強變弱的變化中看出來。如此般的變化方式，也是東海豪雨其中一個非常有趣的特徵。

〈一九七二年七月發生的西三河東濃地區的豪雨〉

這一個集中豪雨是梅雨季末期豪雨的典型案例。因爲這一個豪雨是在七夕的時候於日本列島各地發生的游擊隊集中豪雨，因此這個豪雨也會被稱爲游擊隊豪雨、七夕豪雨或是47．7豪雨的其中一個豪雨。在西三河東濃地區，平常不會降下大量的雨，而且因爲過去一百年都沒有下過集中豪雨，所以在山崖下面住了非常多的人。因此，這次的豪雨導致了約一百人過世。從這裡就可以確實地知道集中豪雨的可怕之處。

這個集中豪雨與東海豪雨有幾個類似的點。如同圖8．7所示，在長度一百公里左右的帶狀區域降下了六小時的大雨，豪雨的中心區域部分則降下了超過300毫米的雨量。從位於帶狀下雨區域裡某個觀測點所測出來的雨量的時間變化中得知，雨勢每數十分鐘就會增強

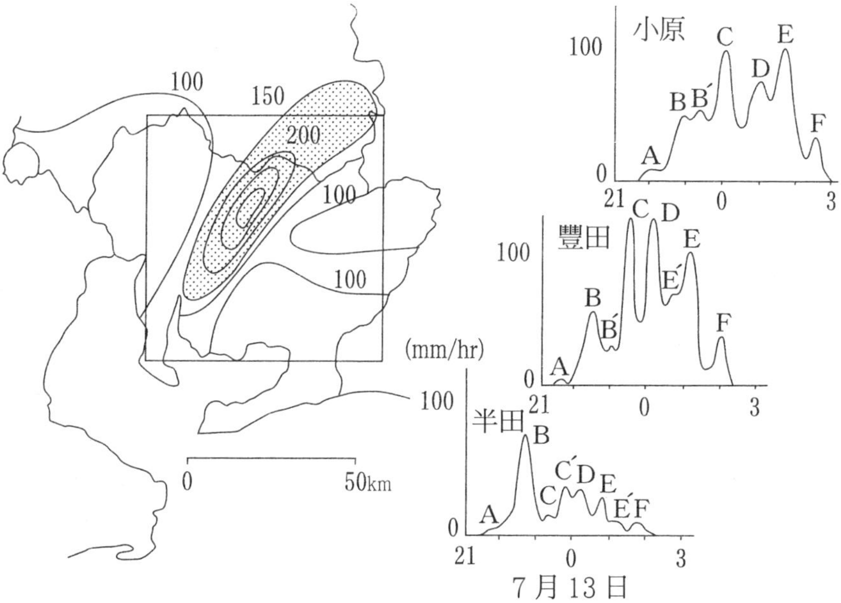

圖8.7 1972年7月發生在西三河東濃地區的集中豪雨的總雨量分佈圖。圖中也可以看到在豪雨帶中心的小原、豐田以及半田的隨時間改變的雨量強度。引用自武田（1981）。

一次。根據雷達觀測顯示，這一個從南西延伸到北東的降雨帶與東海豪雨相同，會長時間滯留在該地的上空。而且還會有一個接著一個積雨雲沿著降雨帶移動。這些積雨雲的大部分，一開始出現在降雨帶南西方的幾乎同一個位置之後，就會往北東移動，一邊從下層南側吹來的風補充對流的不穩定能量與水分，一邊越過伊勢灣，最後抵達豪雨地區。

要注意到的是，調查這些沿著降雨帶移動的積雨雲帶給哪些地方最多降雨之後，就可以從圖8.8所示得知，幾乎都是在同

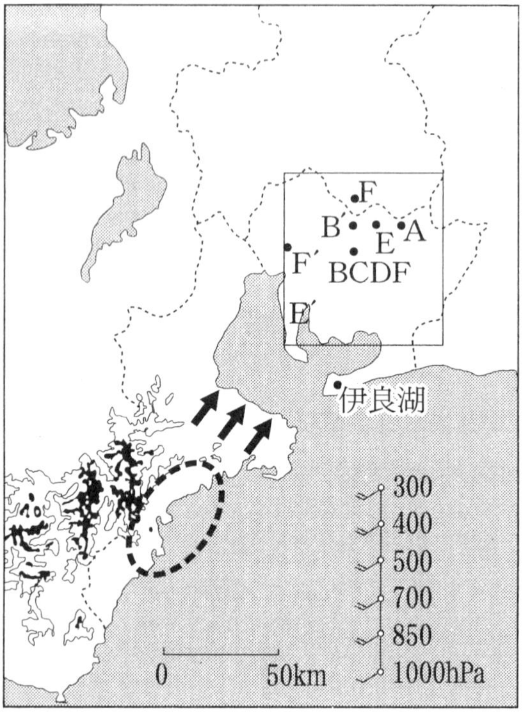

圖8.8　A、B………F、F'等積雨雲的在雷達回波上的觀測起始地點（以點線匡起來的地區）以及各個積雨雲降下最大強度的雨的地點
引用自武田（1981）

一個地區。總之，這一些順著同一個道路移動的積雨雲，把雲內累積的雨水，幾乎像是要集中攻擊這個地區般，全部都下在同一個地區。那個地區，就是豪雨的中心區域。這些特徵與東海豪雨非常相似。

東海豪雨跟西三河東濃地區的豪雨的另一個共同點，就是構成降雨帶的積雨雲均屬於長時間存續的積雨雲。這一個特徵，就算不會帶來集中豪雨，也會出現在「組織化後多胞型線狀積雨雲群」的其他例子。總之，這些積雨雲如同組織化後多胞型積雨雲般，構成積雨雲的降水胞會有規律地替換，以維持整個積雨雲的存續。而構成降雨帶的積雨雲也會在降雨帶的一端有規律地一個接著一個形成，也可以說這裡同時出現了積雨雲的形成、替換，以及降水胞的形成與替換來維持積雨雲等雙重的組織化。這個「緩慢移動或是停滯不動的線狀積雨雲群」的有趣特徵，同時也可以說是帶來集中豪雨的降雨帶的特徵之一。

發生集中豪雨的條件

雖然也有像是在愛知縣春井日市那樣局部發生的豪雨例子，但是會在直徑數十公里一百公里左右的區域內，並且在數小時內帶來數百毫米降雨的集中豪雨，一般而言都是由數個到數十個積雨雲一個接著一個所帶來的降雨所形成的。因此，其中一個產生集中豪雨的條件是，帶來強降雨的積雨雲一個接著一個形成，並且發達。總之，在大氣的下層必須要有足以讓對流雲發達的充足溫暖又潮濕的空氣。

但是，積雨雲要形成並且發達的話，就是大氣中對流的不穩定能量要被使用掉，而且如果是要持續形成積雨雲並且發達的話，就必須要持續且有效率地供給下層大氣溫暖且潮濕的空氣才行。還有，冷空氣流入中層以上的大氣這個現象，有助於積雨雲的發達，而且流入的空氣不只有冷還有乾燥的話，可以更容易形成能持久且是組織化後的積雨雲，並且以空間上而言還可以集中大量的雨，以及更有效率地產生雨。像是溫暖潮濕的氣團和冷氣團定期互相碰撞的梅雨鋒面，或是秋雨鋒面（譯註：指的是日本九月中旬到十月中旬左右出現在日本上空，帶來陰雨天氣的鋒面）的周圍，就容易出現滿足這些條件的大氣環境，如果日本南方還有颱風存在的話，也能更有力地持續從南方提供溫暖潮濕的空氣。

產生集中豪雨的第二個條件，就是發達的積雨雲在幾乎是同一個地區內一個接著一個通過，並且帶來強降雨。這個條件可以透過各種現象來達成，不過最有效率的方法是，一個接著一個的積雨雲在幾乎同一個地方形成之後，朝著同一方向往豪雨地區移動，也就是積雨雲排成一列縱隊移動的意思。這一點以現實面而言，指的就是降雨帶長時間停滯的意思。要讓排成一列縱隊移動的積雨雲發達且維持存在的狀態，就必須要有溫暖潮濕的空氣從排列的旁邊，在這一個例子中大概是右側，也就是南邊或是靠近東南邊的下層供給過來才行。另外，如果在排列的左邊，也就是北邊或是靠近北西邊的大氣中層以上的地方，有冷空氣持續供給的話，對於要讓積雨雲發達、維持一事而言，是非常有幫助的。如果這個降雨帶的積雨雲是可以持續維持而且還是組織化後的積雨雲的話，就代表著這些積雨雲形成的降雨帶會變成相當發達的降雨帶。

〈雨集中化的謎〉

問題在於，積雨雲是如何一個接著一個在降雨帶的邊緣，而且幾乎是同一個地方形成的呢？帶來一九七二年西三河東濃區豪雨的積雨雲是在志摩半島稍微偏南的地方一個接著一個形成的，兩千年的東海豪雨的積雨雲則是在熊野灘上一個接著一個形成的。偶爾也會有橫跨長崎半島到諫早市的停滯性降雨帶出現，這時候很明顯的積雨雲的形成與半島的地形有關係。另外，一九九七年七月在出水市出現的豪雨，是一個從南西海上延伸過來的降雨帶的北東端附近所引起的豪雨，此降雨帶的形成，一般認為與甑島的地形有關。如剛剛所提到的幾個例子，在研究對於會停滯的降雨帶的形成時，地形的作用也很重要的，但是大多時候降雨帶的形成原因仍是未知。關於東海豪雨的部分，到現在為止，很遺憾的是仍然無法得知是由什麼樣的機構形成那些後來變成降雨帶的積雨雲。當停滯的降雨帶形成，而且可以被觀測到開始發展的話，將會有很高的機率出現集中豪雨，但是要預測這個停滯降雨帶何時且在何處形成，就是一件非常困難的事情。

由於構成停滯降雨帶的積雨雲要在降雨帶裡面任何一個地方降雨都可以的關係，因此就算停滯降雨帶形成了，也不會出現集中豪雨。如同剛剛提到的兩個具體例子，當出現集中豪雨時，大部分在降雨帶內移動過來的積雨雲，就算在移動途中降雨，也是要抵達到某地區時才會出現如同集中攻擊般大量的降雨。特別是從海上延伸到陸地上的降雨帶，有很多積雨雲抵達陸地之後就會出現降雨的集中攻擊的例子。這就表示，對於積雨雲所帶來的雨的集中攻擊而言，周圍地形有著相當重要的影響。但是，如同後面章節會提到的一樣，對於降雨而言，地形的影響非常複雜，可以列出各種不同的因素。或許要解釋對於雨的集中攻擊的現象而言，地形有何作用是一件非常困難的事情，但是在雨的科學方面，卻是一件非常有趣的研究課題。

第九章　透過人造衛星觀察到的雲群（雲簇 Cloud Cluster）

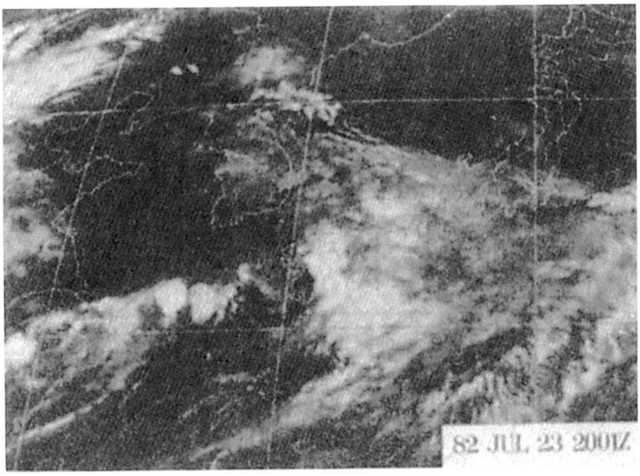

圖9.1　在1982年7月的長崎豪雨時觀測到的雲簇
（武田僑男、其他，《水的氣象學》、東京大學出版會、1992）

中尺度的現象

自從可以透過人造衛星從外太空進行雲的觀測之後，雨的科學的研究有了大幅度的改變。那是因爲發現了有大到橫跨數百公里的雲群的存在，同時也能夠解析雲群的行爲模式以及構造等緣故。這些雲群通常都被稱爲雲簇（Cloud Cluster），在日本的一九八二年長崎豪雨期間，觀測到雲簇一個接著一個從西邊的海上移動到陸地上，在長崎地區帶來豪雨，自此雲簇才開始受到關注。雲簇的特徵是形狀爲圓形，或是橢圓形的塊狀，大小爲直徑數百公里，同時也包含著多數高雲頂的雲，如發達之後的積雨雲等。之前提到的颮線，如果是比較大的颮線，從太空觀測的話，也會被認定為雲簇。另外，有一部分的雲簇也經常被認定為豪雨。

在氣象學中，把溫帶低氣壓或是高壓等，影響範圍達到水平規模數千公里的擾動現象稱為綜觀規模的擾動，另外，會帶來激烈降雨現象的積雨雲或是積雨雲群，則是分類為中小規模的現象，不過，最近這種規模的現象則是改稱為中尺度的現象。中尺度擾動，指的是帶來豪雨或是陣風災害的氣候現象，另外，因為這種氣候現象擁有著獨立的形成・發達過程以及構造，所以也有很多研究者投入相關的研究，使得相關的研究非常盛行。另外，中尺度的現象，還有三個根據特徵的規模分類。中尺度-γ指的是大小約為2～20公里的現象，降水胞以及積雨雲就是其中最具代表性的現象。中尺度-β為20～200公里，大部分的積雨雲群是屬於這個規模。接著是中尺度-α的大小為200到2000公里。這些定義原本是以1～10哩、10～100哩以及100～1000哩來當作量詞的。稱為雲簇的這一個現象，也可以說是比較大的中尺度-β到比較小的中尺度-α的雲群。

那麼，雲簇會出現在日本周邊的何處呢？圖9・2上就有標示。一九八七年從四月到十

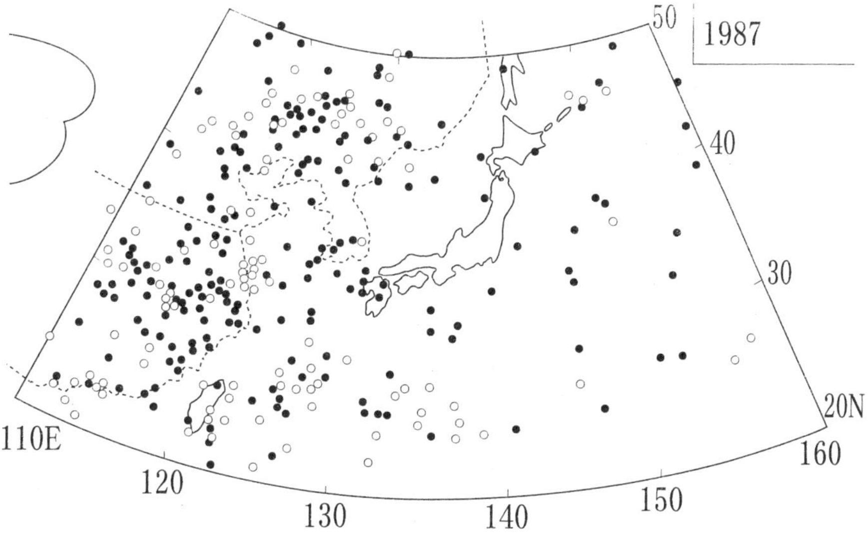

圖9．2 1987年的暖候期*（4月到10月）觀測到的雲簇 ●與○，各式最大直徑200公里以下的雲，200公里以上的雲的部分，僅標示出最初觀測到的地點。引用自岩崎・武田（1993）

*譯註：「暖候期」爲日本僅有的專有名詞。

月爲止的暖候期，包含陸地上的，總共出現了500個以上的雲簇。這些雲簇中，有的一出現就馬上消失了，也有存在十個小時以上的大型雲簇。當這些雲簇登陸日本列島之後，除了在相當廣泛的區域降雨之外，有時候也會在局部地區降下豪雨。這種現象在梅雨時期會特別多，如同圖9．3所示，有個大型雲簇經過九州，使得幾乎整個九州每天都出現廣範圍的降雨。但是，雖然這裡以雲簇一詞帶過，但其實那只是把透過人造衛星觀測到的

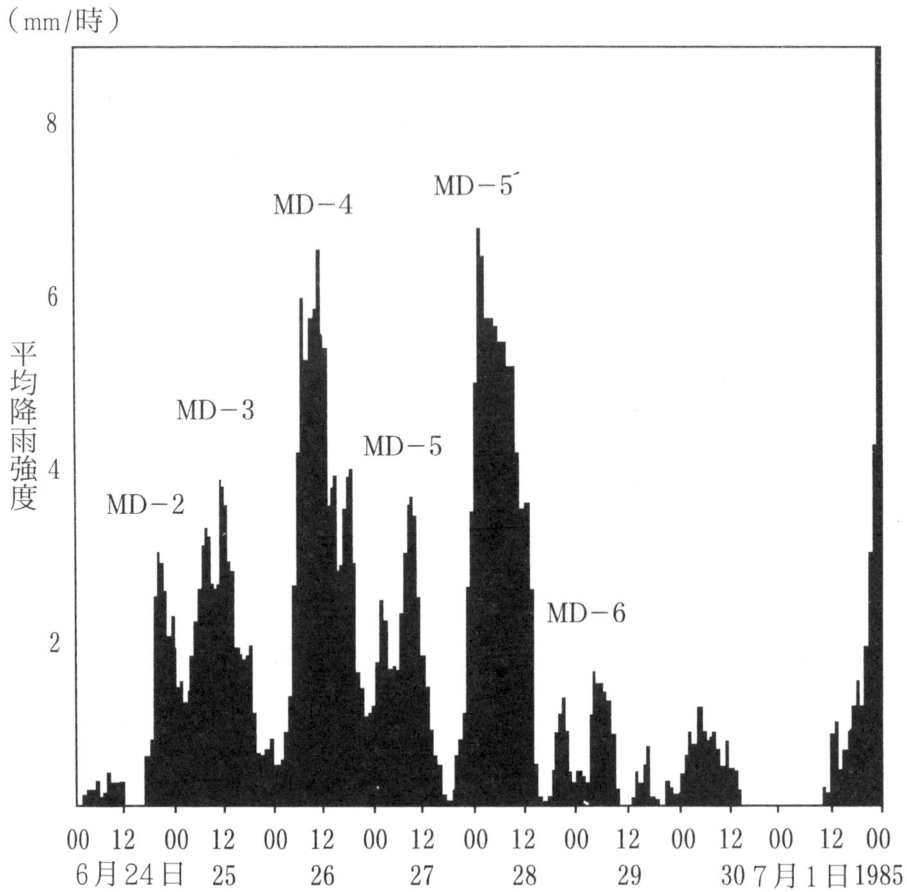

圖9.3　1985年6月到7月期間，九州全區的平均降雨強度的時間變化　隨著雲簇的經過，平均降雨強度有所增減。

雲層裡，有共通性質的雲統稱爲雲簇而已，實際上還是有著各式各樣的移動模式以及構造。其中也有如同低氣壓般的性質。關於雲簇的研究至今還在初期的階段，所以有很多尚未闡明的部分，不過原本在地表觀測尚無法掌握到的整體構造部分，現在已經可以從外太空進行觀測了，也終於可以確認雲簇的生涯始終了。接著來舉出幾個例子吧！

雲簇的具體例子

第一個例子，是在陸地上形成之後，移動到海上後持續往東移，登陸到從九州的雲簇。圖9．4(a)中，這個雲簇登陸之後的雲頂溫度爲-50℃以下，也就是說，只有雲頂高的部分顯示出來而已。在這個時間的十五個小時前就已經觀測到這個雲簇位於陸地上，所以這個雲簇至少也已經一邊維持十五個小時且一邊移動過來的。從雲頂溫度的分佈圖可以得知，雲簇中也有-70℃以下非常低溫的部分（黑色區域）。總之，裡面有著非常發達的積雨雲群。如圖9．4(b)所示，實際上，因爲雲簇裡面有這個積雨雲群，所以佐世保市以及周邊已經在四小時內降下200毫米以上的豪雨了。在十分鐘內也降下了17毫米以上的強降雨。

因此，經常會有雲簇從西邊過來，從九州登陸之後，在九州的某處集中下起豪雨的現象。有時候在東海上面形成的雲簇也會登上陸地，像是如圖9．4所示，在陸地上形成之

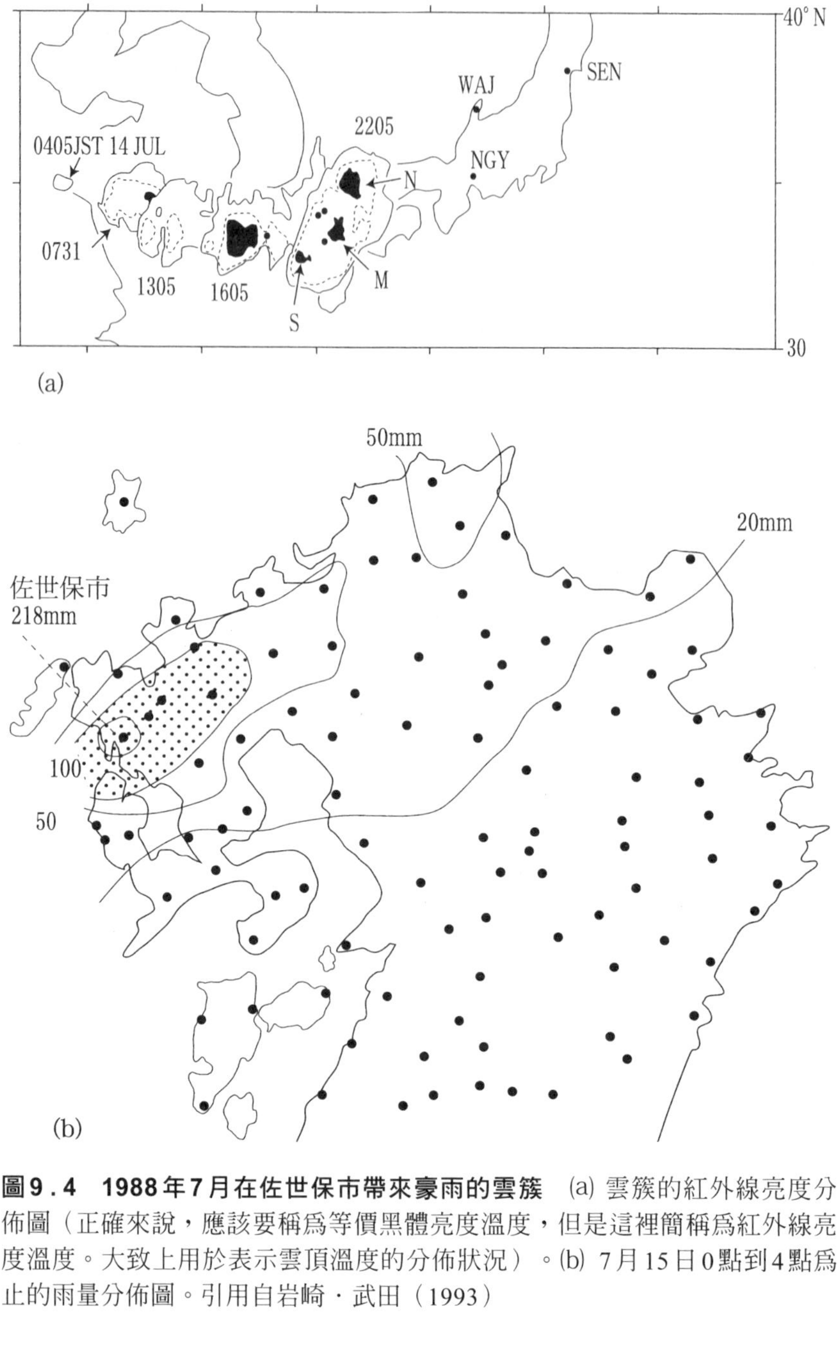

圖9.4　1988年7月在佐世保市帶來豪雨的雲簇　(a) 雲簇的紅外線亮度分佈圖（正確來說，應該要稱爲等價黑體亮度溫度，但是這裡簡稱爲紅外線亮度溫度。大致上用於表示雲頂溫度的分佈狀況）。(b) 7月15日0點到4點爲止的雨量分佈圖。引用自岩崎．武田（1993）

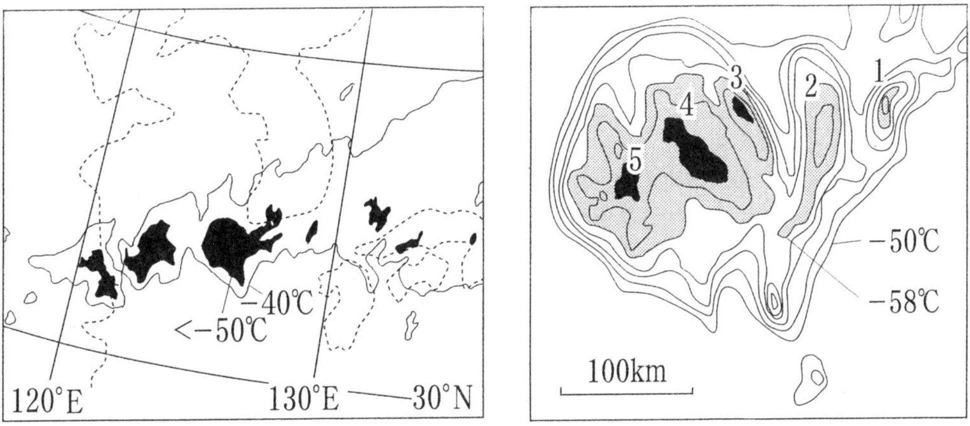

(a)　　(b)

圖9．5　1988年7月15日梅雨鋒面雲帶的紅外線亮度溫度(a)與位於雲帶內部的雲簇的紅外線亮度溫度分布圖(b)

後花了長時間移動過來的例子。也有雲簇在陸地上形成之後，花了三天的時間才移動到九州。至今要預測集中豪雨的產生地點及時間仍是非常困難的，如果可以透過人造衛星的觀測來詳細監視雲簇的移動狀況以及發達的狀況等狀態的話，就可以推測出發達之後的積雨雲群的出現狀況了，也因此就能判斷可能發生集中豪雨的地方了。當然，也不是所有的雲簇都會帶來豪雨。

如同可以從電視上顯示的雲觀測圖像所觀察到的，梅雨鋒面並非一直由帶狀的雲覆蓋著天空，而是由平常的雲簇覆蓋著天空的狀態居多。圖9．5就是雲簇的實際例子。最有趣的特徵是，一個雲簇裡面可以看到好幾個雲頂很高（雲頂溫度低）長度一百公里左右的雲的隊列。這個隊列是往南北方向延伸，發達之後的積雨雲，往東西方向排列著，總共有五條。這一個雲簇是由複數個發達的帶狀積雨雲群所形成的。總之，這個雲簇同時也是積雨雲群。當然，各個積雨雲群的下方也正在下著大雨吧！若是某個帶狀積雨雲群往東西方向的移動愈慢的話，積雨雲群所位於的地區就更有可能集中豪雨。

〈速度慢的雲簇〉

在更加詳細地調查具有這種特徵的雲簇的移動模式跟構造之後，結果為圖9．6所示。就算可以用人造衛星看到雲簇的全貌，看到的也只有雲群的上側，因為雲簇的直徑大小都會大到數百公里，因此非常難以使用觀測的方式調查雲簇的立體構造以及雲簇的構造隨著時間產生什麼樣的變化。圖9．6是筆者的一位學生I君還在筆者研究室時的研究成果之一，也是博士論文的一部分，他現在是群馬大學的老師。I君最厲害的地方在於，即使是簡單的解析圖（比如雲頂溫度的分佈圖），也可以從裡面找到別人沒有發現的有趣現象。也許應該要把這個能力說是可以很敏銳地找出隱藏在圖面裡面的有趣現象的能力也說不定。

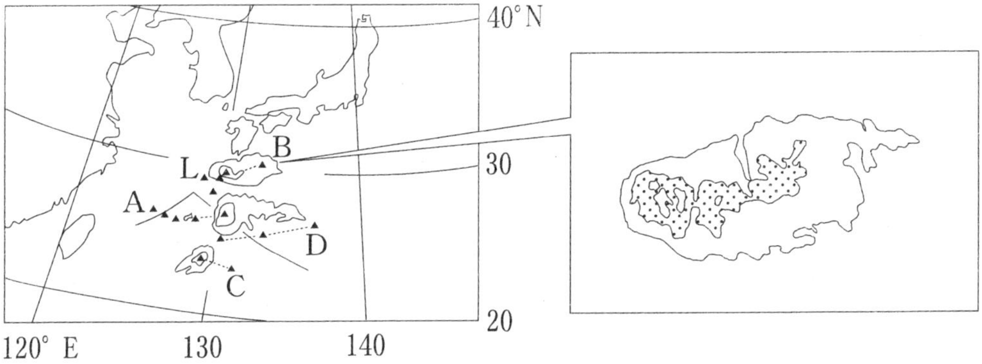

圖9.6　1988年7月12日在日本南方海上觀測到的雲簇　紅外線量度溫度的分佈圖而言，左圖是-40℃（外側）和-60℃（內側）的等值線，右圖是-50℃（外側）、-60℃以及-65℃（最內側）的等值線。引用自岩崎・武田（1989）

I君所發現到的是組成雲簇的帶狀積雨雲的交替方式。圖9・6中的雲簇B在九州南風的海上緩慢地往東前進，存續了24個小時以上。非常發達的積雨雲群以東西的方向複數排列，並在雲簇內移動，圖9・7是參考雷達觀測等資料之後，以模式方式呈現出調查這些積雨雲群的移動模式之後的結果。可以看到往南北方向延伸的複數帶狀積雨雲群各自往東移動，並且在雲簇的東邊部分衰弱了下來。有趣的地方在於，位於最西邊的積雨雲群的西側，每隔數小時就會有新的帶狀積雨雲群形成並往東方移動。總之，當雲簇東邊部分的積雨雲群消失，雲簇的西側也會有新的積雨雲群一個接著一個形成，藉此讓整個雲

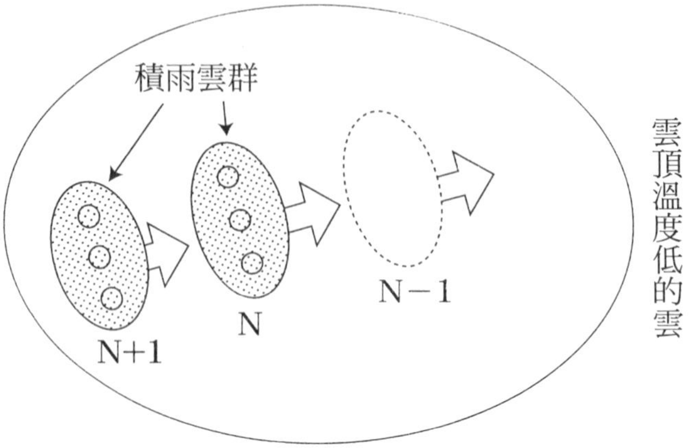

9.7 在日本周邊觀測到的長壽雲簇的構造圖
是由往東前進的複數積雨雲群所組成的。引用自岩崎・武田

簇長時間存續。如同組織化後的積雨雲以及組織化後的積雨雲群，也可以說這一個雲簇是組織化後的雲。

因爲在往東移動的雲簇後面有新的積雨雲群一個接著一個形成的關係，所以雲簇往東邊移動的速度，整體而言會變慢。就往東移動的雲簇個體速度跟在西邊一個接著一個形成的積雨雲群的位置以及形成時機合併起來看的話，整個雲簇看起來會像是停滯一樣。研究至今的北美或是熱帶雲簇的移動方式看起來像是颮線，而且這個雲簇的移動方向會有新的積雨雲形成，因此整體的移動速度是比較快的，但是圖9．7中的雲簇是相反的。雖然到現在還是不知道爲什麼會有如此的差異，但這就是很有趣的地方。另外，圖9．6或是圖9．7的雲簇的東邊部分，從西邊過來的積雨雲最終都會消失，而在上層以及中層的層狀雲則會往東方廣泛地延伸，並且在廣泛的區域內降下小雨。

並非所有在日本附近形成的雲簇全都會出現如同圖9．7般的構造以及移動模式，但的確有時候會出現偶爾停滯不前，並且一邊緩慢地往東移動的雲簇。雲簇移動速度緩慢，也等同於廣域的長時間持續性降雨。如果這個雲簇的構造如圖9．7的話，會一邊廣泛地降下大量的雨之外，還會從西邊出現往東邊移動的積雨雲，而這個積雨雲也會給各地帶來強降雨。雖然到目前爲止的研究進展還不夠，但可以推測出也許在日本的梅雨期間，會不會大多都是由這些雲簇所帶來豪雨的。

帶來強降雨的雲系統的階層構造

如同到目前爲止所說明的，帶來強降雨的積雨雲分成中尺度-γ、中尺度-β以及中尺度-α等，有著各種不同規模的雲系統。根據規模不同，降雨的廣泛程度以及降雨時間也會有所不同。最有趣的地方在於，如同圖9．8所示，中尺度-β規模的積雨雲是由更小的降水胞所構成，中尺度-γ規模的積雨雲群是由中尺度-β規模的積雨雲所組成，更大的雲簇則是由複數的積雨雲群所構成的。也就是說，階層構造是由以積雨雲群爲中心的雲系統來顯示

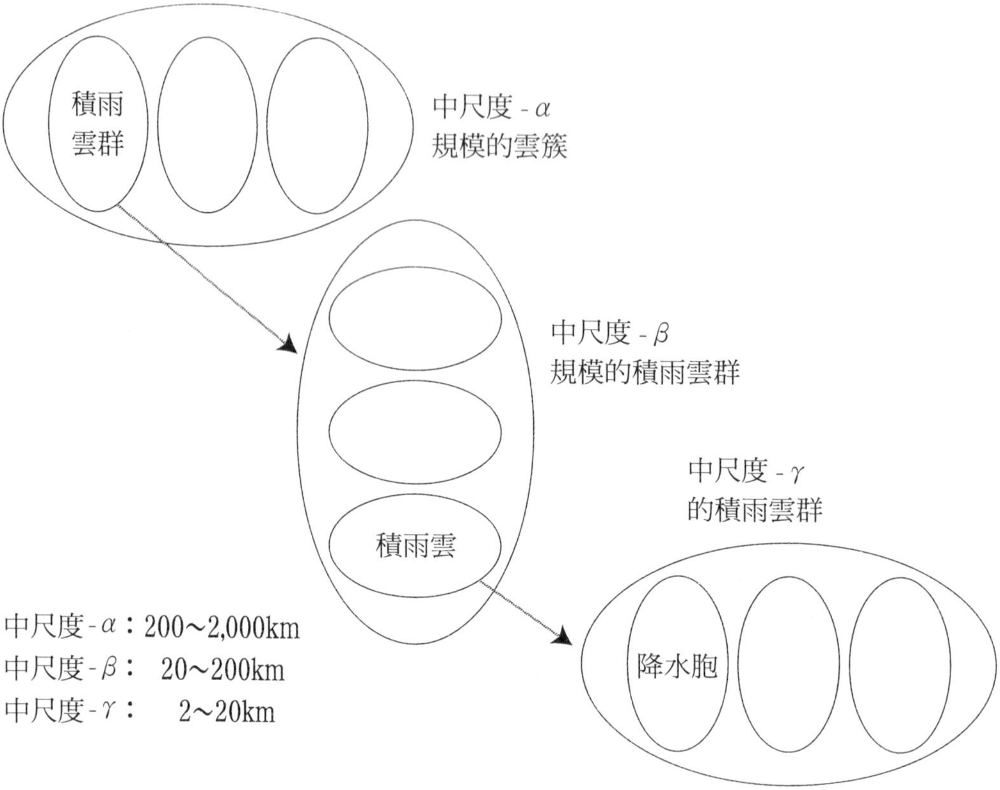

圖9.8　帶來強降雨的雲系統的階層構造

的。不可思議的地方在於，這些組織化後的積雨雲、帶狀積雨雲群以及長壽的雲簇等，各個階層中組織化後長壽的雲系統都是由下一個階層的雲系統所組成的。

仔細想想，各個規模的雲系統會根據規模不同而有著不同的壽命，這一點很不可思議。普通的積雨雲的壽命大約是一個小時，就算是積雨雲組織化後，持續時間頂多也是數小時而已。降雨時間跟雲的壽命有關聯。積雨雲群的壽命大約是數個小時到一天左右，扣掉待會兒會提到的地形性豪雨之外，很少會有持續一天以上的集中豪雨。另外，雲簇的壽命是數個小時到數天。如果要讓以積雨雲爲中心的雲系統發達並且持續降雨的話，就必須要從周圍的大氣持續供給對流的不穩定能量以及水蒸氣給這個雲系統才行。關於這些雲系統，有好幾個很有趣的問題，例如這些系統是因爲用超過周圍大氣的能量或是水蒸氣，或是失去了持續收集能量或是水蒸氣的能力之後才結束壽命，也就是說這些雲系統是屬於自我毀滅型，還是因爲周圍大氣的供給中斷使得雲系統開始衰弱等這些問題，到目前爲止都還找不出解答。

但是，帶來強降雨的這些雲系統所呈現的階層構造的意思就是，和小的系統比起來，更大的系統具有能夠更有效率的從周圍收集能量以及水蒸氣的作用。另一方面，要讓雲簇等大型的大氣擾亂持續發展的話，會需要某種程度上的大氣不穩定性，除此之外，在擾亂中還會需要產生大量的熱。前面也有提到積雨雲產生、發達並且降雨的這個過程，所指的就是這些變成降雨的水蒸氣的潛在熱能散發到大氣中的過程。雲簇內的積雨雲之所以會一個接著一個發達的現象代表著，是因爲雲簇內所產生的大量熱能的緣故，而一般認爲這與雲簇所呈現出大氣擾亂的發達與持續有關聯性。但這些結論到目前爲止都還只停留在推測的階段。帶來強降雨的雲系統所呈現的階層構造的意義，以及各個規模的現象的定位等，作爲雨的科學，都是接下來希望能夠找出解答的問題。

第十章　因地形效應所引起的降雨強度變化以及集中現象

雨量分佈會受到地形的影響

到目前爲止，主要是以帶來降雨的雲本身的構造以及行爲模式，或是以降水粒子與氣流之間的相互作用等爲中心，講述強降雨的科學。如同在介紹集中豪雨的章節中也有提到的，山岳等地形也會大大的影響雨降下來的方式。地形對於降雨的效果在雨的科學中也是特別有趣的部分，但在另一方面，也是有非常複雜且困難的部分。

如同稍後會提到的，地球上有容易下雨的地區以及不容易下雨的地區。雖然這個其中一點跟大規模的大氣流動的差異有關，但同時也跟地形差異有著密切的關聯性。日本的平均降雨量，包含降雪量，爲1700毫米，跟熱帶相比起來，日本也算是降水量比較多的地區，這部分和日本的地形比較複雜有關係，因此日本列島內到處都有經常降雨的區域，或是降水量非常多的區域。圖10·1爲平均年降水量的分佈圖。從圖中可以得知，降水量會因地區不同，而有著相當大的差異。

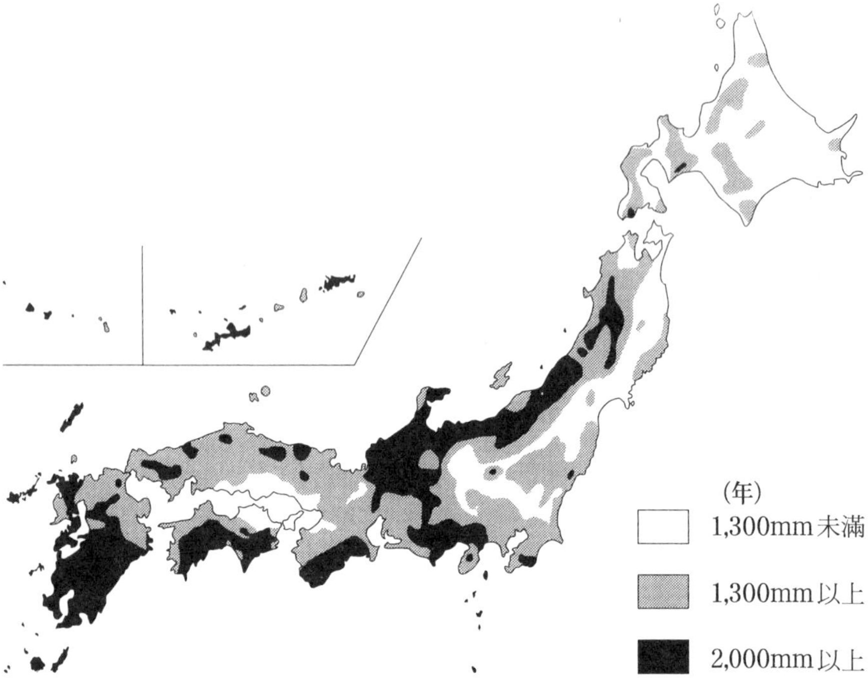

圖10.1　日本列島的平均年降水量分佈圖　引用自《雨的事典》（2001）

從圖10．1的年平均降水量中，最有印象的地區是列島的南東部，特別是在九州、四國以及紀伊半島的南東側沿岸的局部，年平均降水量顯著的變多。關於這一點，大致而言是因爲和從南西方向往北東方向延伸的這個列島相比起來，南東方向吹來的風比較容易直接撞擊到這個列島的緣故，另外，因爲颱風或是低氣壓的作用，也會使得溫暖又潮濕的南東風經常吹進這個島嶼的緣故。由於受到這些南東風的影響，在年降水量較多的區域裡，具代表性的地區為宮崎縣、德島縣以及三重縣的南東沿岸地區。各個地區的年平均降水量都超過2500毫米。宮崎縣的蝦野高原（「えびの高原」（Ebino kougen））在一九九三年甚至有8670毫米的年降水量記錄。

鹿兒島縣的屋久島同樣也是以降水量多聞名，而且不只是降水量，連降雨天數也明顯地比其他地區要來得多。屋久島就如同它的別名「海上阿爾卑斯」，這座島的地形彷彿是直接從海底突出一座孤立的高山，同時也代表著可以想成地形的效果對降雨而言，相對單純。以島上的山宮之浦岳為中心，山脈的東側斜面有著7000毫米以上的降雨紀錄，另外東側到南東側的沿岸部分則有著4000毫米以上的降雨紀錄。如同剛剛所提到的，山岳地帶的東側到南東的斜面，以及沿岸部分的年平均降水量較多，也是日本列島上降雨的大特徵之一。

這裡要注意到的是，不只是列島南東沿岸地區的年降水量多，還要注意到偶爾也會有日降水量超過100毫米的豪雨。前面也有提到過，日本列島上沒有不會出現集中豪雨的地區，而且確實也是有經常會出現豪雨的地區。由於地形對於這些豪雨而言有著顯著的催生效果，因此這些因地形所產生的豪雨又稱為地形性豪雨。宮崎縣、德島縣以及三重縣的南東沿岸地區也都是容易出現地形性豪雨的地區。

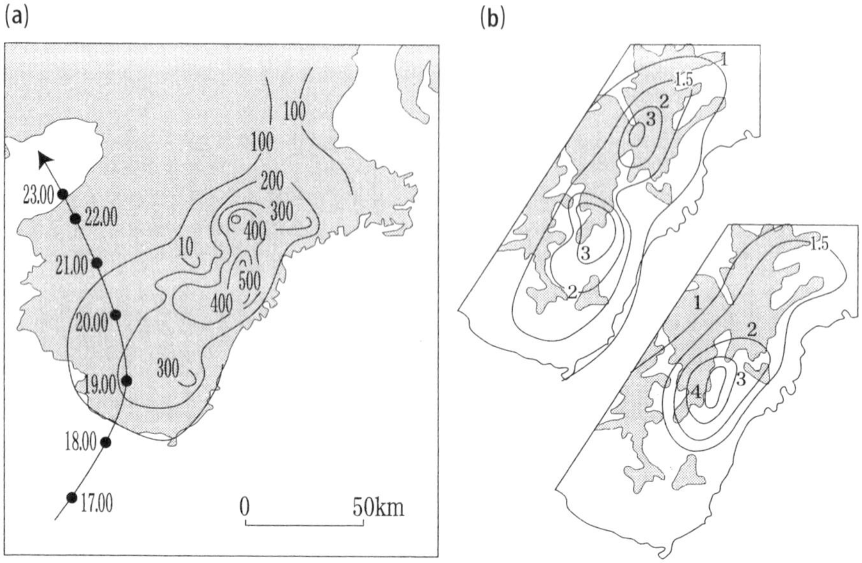

圖10．2　颱風7002號期間，紀伊半島的總降水量分佈圖(a)與紀伊半島的降雨增強係數分佈範例(b)　圖中亦標上颱風中心的移動軌跡。兩個降雨增強係數分佈圖之間有著一個小時的降雨時間差異。引用自榊原・武田（1973）

地形性豪雨的具體例子

三重縣尾鷲是一個因爲顯著的地形效果，使得年降水量非常多，而且經常會出現豪雨的地區。這裡列舉兩個在尾鷲周邊發生的地形性豪雨的具體例子。圖10．2(a)是颱風7002號（譯註：1970年7月3號的奧加（Olga）颱風）從南方接近日本列島之後，通過紀伊半島西部時，半島的24小時降水量分佈圖。紀伊半島上是以大台山系爲中心，整個山系從南西往北東延伸，從這裡可以知道從山系中央部位到南東斜面降下了大量的雨。這種類型的雨量分佈，經常是當颱風位於日本列島的南方海上，或是颱風穿越列島的西部，紀伊半島周邊出現比其他地區更強烈的南東風時才會出現。要注意到的是，紀伊半島的年平均降水量分佈圖在性質上，也與這個分佈圖非常相似，代表著半島的降雨與颱風有著密切的關係。

颱風區域內的強降雨，主要是由颱風眼周圍的積雨雲，以及從颱風眼衍伸出去的好幾條由積雨雲所形成的雨帶帶來的。這些積雨雲明明就是和颱風一起靠近，一起通過各個區域的上空，卻受到紀伊半島的地形影響，最後因應地形而留下了不同的降雨紀錄。總之，降雨方式會因爲山岳等地形效果而改變。這可以解釋成同時登陸的積雨雲的降雨會受到地形所帶來的增幅效果，也可以說是因爲地區不同，增幅效果也有所不同的緣故。透過特殊的解析，可以計算出各個地區的雨的增幅係數（圖10．2(b)）。在紀伊半島南端潮岬的降雨沒有受到地形的增幅效果影響，因此該地區的增幅效果爲1．0，但從這裡可以得知紀伊半島大多數地區的降雨都受到高達4倍的增幅影響。另外，即使是同一個地方，隨著時間不同，增幅係數也會有所不同，不單只有地形，連風向、風速等大氣狀態也會影響到增幅的方式。

什麼樣的現象以及過程會與這種類型的降雨的增幅有關，將會在後面的章節提到，這裡要指出的是，對於地形性豪雨而言，由地形所產生的降雨增幅效果是重點。圖10．3就是地

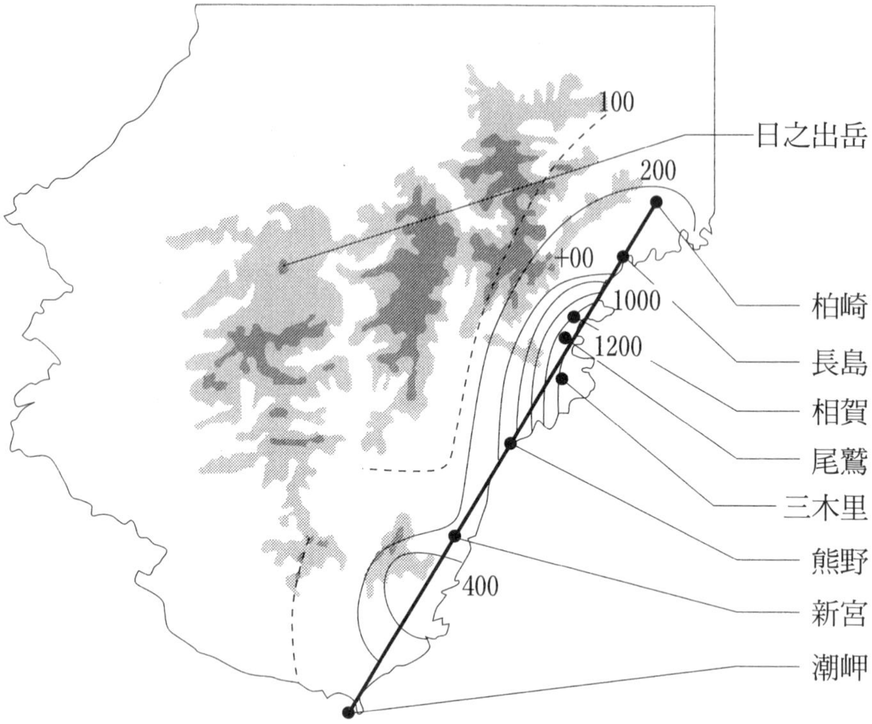

圖10.3　1971年9月在紀伊半島降下的地形性豪雨的總雨量分佈圖（9號3點到11號3點為止）　引用自武田・森山・岩秖（1976）

形性豪雨的典型例子。降雨持續了將近48個小時，中心部分的尾鷲則降下了800毫米以上的豪雨。這個豪雨也是因爲列島南方海上有一個低氣壓，使得紀伊半島上持續吹拂著南東風，產生而來的。其實，在日本的地形性豪雨幾乎都是在該地區長時間吹著比其他地區來得強的南東風時所產生的。地形性豪雨的特徵之一是，降下了整整一天，或是超過一天以上的大雨，是一種由停滯不動的線狀積雨雲群所帶來的集中豪雨，且不同於大量的雨集中在數小時內下的類型。

不同於圖10．2(a)，圖10．3的豪雨中心區域是在沿岸地區。以在紀伊半島吹起南東風時會產生的地形性豪雨而言，兩處都是常見的類型，但以兩處而言的話，當南東風強的時候，豪雨的中心部分似乎就會偏向山區。即使是這個豪雨集中在沿岸地區的例子，在這附近登陸的積雨雲和在其他地方登陸的積雨雲相比起來，在這附近登陸的積雨雲所帶來的雨量會來得更多，果然在這個地區的確是有著降雨的增幅效果。要注意到的是，不僅是只有降雨的增幅效果，而是當在海上形成並且發達的積雨雲登陸時，累積在雲內的雨水幾乎全部會在海岸附近一起落下的這一個行爲模式。雖然這不是非常科學的說法，但這種行爲模式看起來就像是懷抱著大量雨水的積雨雲靠近海岸以及山岳時，不小心絆倒讓懷中抱著的雨水掉了下來的樣子。在日本各地都能經常觀測到這種積雨雲登陸之後在海岸附近集中降雨的現象。

〈豪雨與播種〉

接著，像是山岳的這種地形對於降雨而言，會產生什麼樣子的效果，會產生什麼樣子的現象以及過程呢？實際上，出現了很多各式各樣的情況。圖10．4是把因地形影響所產生的降雨機制中幾個代表性的案例，以模式化後的方式來呈現的圖表。如圖10．4(a)所表示的是風撞到山之後被強制提升，在山岳附近形成了層狀性的雲，而且這個雲開始降雨的例子。這個現象是在大氣的成層裡相對穩定，具對流性的雲看起來不太會發達的情況下所發生的，山岳周邊即使降雨，雨勢也不會太強。

像這種情形，如果上空還有會帶來降雨的雲的話，就會出現類似第四章也有提到的種饋機制的降雨。前面提到的情形是上空的雲會將冰粒子播種到含有大量過冷水滴的中層層狀雲裡，並且以冰粒子爲基礎，在中層的雲內形成降雪粒子，降雪粒子在落下的過程中變成雨滴降落到地表上。圖10．4(b)中所示的降雨則是從上面的雲層裡落下的雨滴，在經過山岳周邊的下層雲時，也會捕捉下層雲層裡的雲滴來成長。也就是說只要有下層雲的話，原本不會變成雨滴的這些雲滴會變成雨滴落下，而且除了中層雲層裡降下的雨之外，還要再加上下層雲的降雨，才會一起降下，因此這也可以說是中層雲的降雨受到地形效應影響後的增幅成果，也算是其中一種種饋機制。

如同日本的周圍，當大氣下層相當溫暖又潮濕時，就會經常出現因受到山岳效應的影響，產生出對流性的雲，並且發達的現象。總之，如圖10．4(c)，當風撞上山岳產生的上升氣流把下層的空氣推升到自由對流高度時，有時候會在山岳上方，有時候會在距離山岳巒

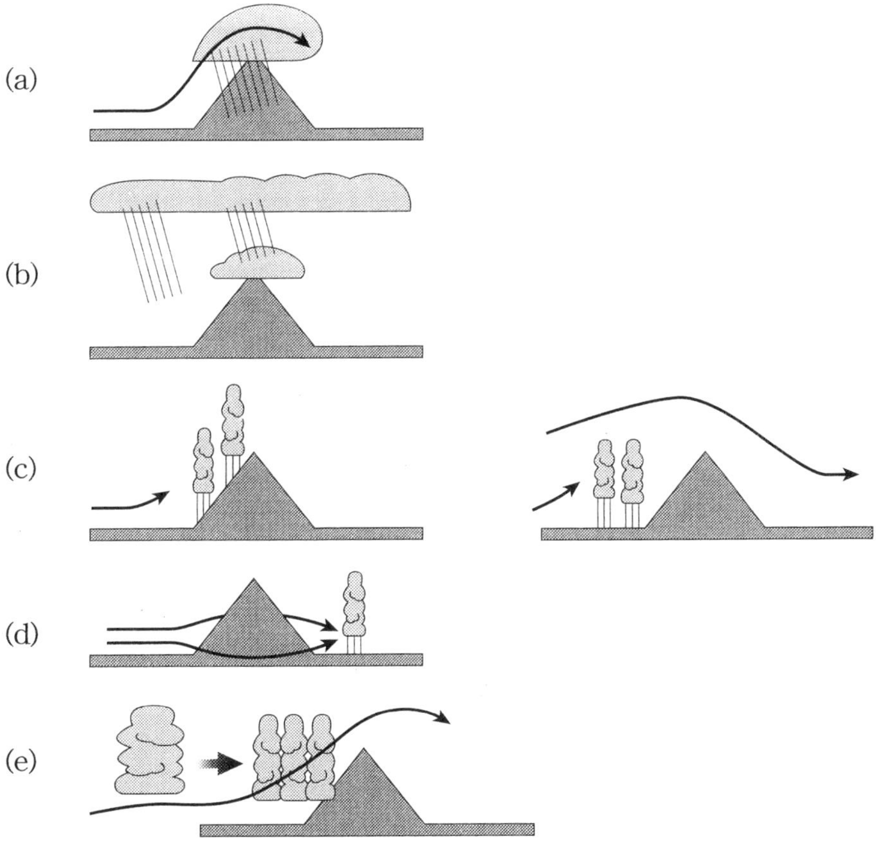

圖10.4　會影響降雨的地形類型　影響程度會因為風速、風向、成層穩定度等等大氣條件以及山岳的高度不同而有所差異。引用自Hause（1993）

遠的下風處產生出對流雲，並且發達。另外，如圖10．4(d)，因爲山岳的形狀或是風的強度等因素，使得空氣轉向集中在山岳的下風處，有時候也會因爲如此產生上升氣流，進而產生對流雲。如同孤立峰般的屋久島的下風處，以及種子島附近也會產生對流雲。到目前爲止，提到了好幾次停滯的帶狀積雨雲群是會帶來集中豪雨的雲，類似這種雲會在圖10．4(c)或是圖10．4(d)的情況下出現，一般認爲是因爲積雨雲在發達之後，一個接著一個往山的下風處移動所形成的。另外，太陽在照射山岳後，會提高山岳的溫度，因此山岳上也會產生對流性的雲，並且發達。

因為地形效應所引起的積雨雲的變質

因爲山岳的影響，使得對流性的雲出現並且發達，同時也代表著其他地區移動過來的積雨雲只要到了這個地區，就會發達。因此，紀伊半島的那兩個地形性豪雨的例子，也可以想成這些從海上過來的積雨雲，十分有可能就是因爲受到山岳的影響才發達的。但是，雨的科學有趣的地方，也是困難的地方在於，並不是雲發達之後，雲下方的降雨就會跟著變強。如同前面提到的，雲形成之後（雲滴形成之後）到降雨（形成雨滴）之間需要時間。實際上，因爲很少人研究關於積雨雲在受到地形效應產生的降雨增幅效果之後，積雨雲發生了什麼事，或者是地形性豪雨形成時，積雨雲在登陸過程中發生了什麼事，因此還很多尚未闡明的部分。最後，來介紹一下在尾鷲地區進行的那幾個少數觀測例子吧！

前面已經提過好幾次了，尾鷲地區是一個很容易出現局部性降雨，也很容易出現地形性豪雨的地區。搭乘紀勢本線的人，應該會經歷過好幾次原本晴朗的天氣，在接近尾鷲時天空就佈滿了雲，接著開始下起雨，離開尾鷲時天空就會又再次放晴的經驗。這不僅是因為尾鷲市位於大台山系的南東側的關係，還有加上當下層吹起東風或是南東風時，因為周邊的地形效應，使得周圍的空氣容易聚集在尾鷲地區的緣故。因此，尾鷲地區就會容易出現局部性的降雨。

這個降雨，與其說是如圖10．4(a)般層狀性的雲所降下，倒不如說是從如圖10．4(c)般對流雲團中所降下的，如果單看尾鷲地區，這些雲的雲頂會高達三到五公里，比山系的山頂還要高上許多。接著，如果提到微觀物理過程的話，這些雲會非常有效率地降雨，並且大多是以暖雨的降雨過程來降雨的。從海上登陸到尾鷲地區的積雨雲，之所以會在這裡降下大量的雨，如圖10．4(e)所示，以現象上而言，就如同外部可以觀察到的，是因為積雨雲闖入了這種局部地區的雲群所引起的。

〈積雨雲會在登陸前後變身〉

從海上過來的積雨雲在登陸時會有兩個階段的變質，這是一個非常複雜的現象。當下層的風從海上吹向山岳時，會在山的斜面產生上升氣流，除此之外，還會因為有一個叫做山岳的障礙物存在，使得下層的風在靠近陸地時風速會開始慢慢降低。這就代表著空氣會開始匯集，同時也代表著山岳的上風處的空氣塊會整個往上爬升，即使有一部分還在海上。如果是像尾鷲周邊那樣特殊的地形，反而是會產生由陸地往海岸的風，使得空氣產生更局部且更強烈的匯集，進而讓空氣爬升。

即將登陸的積雨雲的第一階段的變質，會在積雨雲進入到位於山岳上風處的海上的空氣匯集處時產生。首先，當積雨雲進入到匯集處時會開始發達，當然，雲內的雲滴和雨滴也都會增加。同時，因為下層的風會開始變慢，所以雲上部的雨滴會被移動到雲的相對前方部分，使得前方部分容易產生降雨。另外，如果是在相反的風向，也就是在陸地吹往海上的逆風處等，在風強力匯集的地方，一般認為會在積雨雲的前方部位產生新的雲，或是形成新的降水胞。因為上述那些現象的發生，所以會使得整個積雨雲內部的雨滴突然成長、增加，同時也代表著會大量的掉落。總之，對於雲內的空氣而言，雲內大量的雨滴掉落就代表著空氣拋棄了重量，所以特別是雲的上部會再次發達。

第二階段的變質，主要會在沿岸部分到山岳的斜面之間發生。就如同前面所提到的，在對流性的雲會生成以及發達的情況下，從尾鷲周邊的山岳斜面到沿岸部之間，會出現如圖10．4(c)般，局部形成對流性的降水雲群，並且維持著。從海上移動過來的積雨雲看起來就會像是衝進去停滯在局部地區的降水雲群內部，實際上，因爲當地維持著可以持續形成局部性的降水雲群的狀況，所以空氣本身是和海上吹來愈過山岳的風一起穿過降水雲群的內部。總之，當積雨雲登陸時，並不是衝入局部性的降水雲群，而是因爲積雨雲群周邊吹起的風也可以讓積雨雲群周圍的降水雲群持續地形成，因此就以現象而言，看起來就會像是積雨雲群衝入停滯的降水雲群內部一樣。

這個第二階段的變質，指的是積雨雲登陸之後與周圍的降水雲群相互作用之後所引起的降水形成。降水雲群和積雨雲群相比起來，降水雲群的雲頂比較低。圖10．5是把降水形成作用的過程模式化後的概念圖。因爲兩種雲層裡的水滴會開始混合，所以連在原本的雲層裡無法形成雨滴的雲滴也會開始有效率地變成雨滴，或是原本已經是雨滴的水滴也會合併在一起，使得這些雨滴都有可能變雨降落到地表上。另外，積雨雲會在登陸前再發達一次，因此也會降下降水粒子到比較低的降水雲群中，雖然這個例子與圖10．4(b)稍微有點不同，但

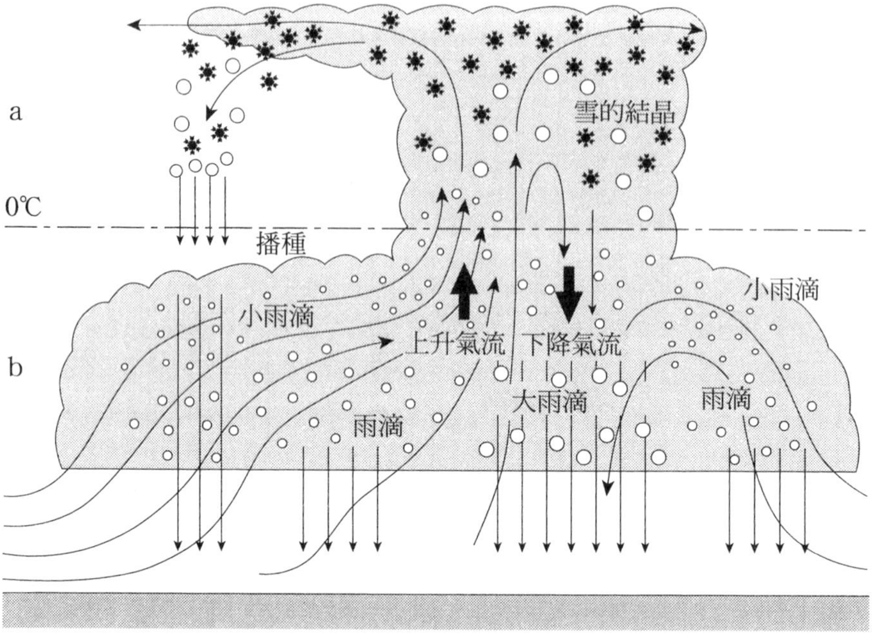

圖10．5　由地形效應所產生的降雨增幅的模式圖　積雨雲登陸之後(a)會和因爲地形效應所局部形成的雲(b)產生相互作用。

這裡也出現了種饋機制形式的降雨形成作用。還有，根據觀測到的紀錄，從海上移動過來的積雨雲在登陸之後，移動速度就會減緩，並且長時間停滯在沿岸部到山岳斜面之間。這個過程，以總和的結果而言，才能夠讓積雨雲登陸之後有效率的在局部地區帶來大量的降雨。第二章中的圖2．3所呈現出雨滴的粒徑分佈變化的部分，以圖10．3的豪雨而言，會有著兩種不同的雨交互呈現的粒徑分佈，分別是雲頂高度低，停滯在尾鷲的降水雲群所降下的雨，以及積雨雲登陸並通過尾鷲時降下的雨。

在積雨雲登陸時可以觀察到的降雨增幅效用，最少也是因爲由於有著之前提到的二階段變質所產生的強化降雨以及集中所帶來的。在圖10．2(a)以及圖10．3中所示的地形性豪雨，也與這種積雨雲的變質有著密切的關聯性。但是，地形對於降雨增幅作用以及對地形性豪雨的形成所帶來的影響是非常複雜的，而且除了到目前講述的現象之外，還發生了很多其他不同的作用。另外，地形對於強化降雨以及集中降雨的效應部分，和經常直接撞上日本列島山系的南東風相比，可以預想得到吹南西風時的狀況會比較複雜。日本周邊，扣除掉颱風或是低氣壓位於日本列島南方的情況，一般而言，在梅雨季節以及秋雨季節等溫暖氣候期間，下層吹起比周邊更強的南西風是正常的，集中豪雨也經常在這種狀況下產生。接下來期待之後能夠有更進一步的研究，闡明地形對於吹起南西風時所產生的豪雨而言，會有什麼樣子的作用。

第 III 部
雨的氣候學

居住在日本，實際上很難體會到日本是一個深受雨及雪恩澤的國家。地球上有著各式各樣的降雨、降雪方式，或者是降水量，而且同時影響到各地的文化。只不過，筆者認為全世界應該是沒有一個國家的國民會像日本人一樣同時使用雨傘和雨衣。這樣子的文化，也是因為日本降雨方式的特殊性才培養出來的。

第十一章　氣候與雨量

降雨的方式會根據地區而有所不同

地球上，會因爲地區不同而有著各式各樣的降雨方式以及降水量。整個地球的年平均降水量，包含降雪的話約是1000毫米，但是根據地區不同，有些地方會出現一分鐘降下30毫米以上的降雨，有些會出現一天約1500毫米的降雨，有些地方則是一整年連1毫米的降雨都沒有。另一方面，存在於大氣中水蒸氣的量，以從1平方公分截面積的地表到對流層最上方爲止的垂直空氣柱來計算整個地球的平均量的話，水蒸氣的量約是3公克，即使是日本夏天的潮濕氣候，最多也只到5公克左右。這同時也代表著，假使自己正上方的水蒸氣全部都變成雨降下來的畫，大概也只有30毫米左右，最多也只會到50毫米的意思。因此，某個地區要在1小時內連續降下數十毫米的雨量，就必須要有從海面或陸地中蒸發出來的水蒸氣隨著大氣的流動不斷地補充到該地區才行。

降雨方式以及降水量之所以會隨著地區不同而改變，是因爲大氣流動方式所引起的水蒸氣供給方式、降雨的大氣擾亂和雲、還有雲凝結核以及冰晶核等不同的關係。有了這些差異，地球上才會有如同印度的乞拉朋齊般一年降下兩萬毫米以上雨量的地區，也會有如同南美洲的智利般14年以上未曾降雨的地區。近年來，由於人造衛星觀測的進步，現在已經能夠以地球的規模來進行雨的研究，也可以知道各個地區的雨與地球規模的現象有所關聯，並且會隨之變動。同時，也會擔心害怕地球暖化帶來的環境變化，會導致地球上降雨方式產生極大的變化。

降雨方式會因為緯度不同而有著相當大的差異

地球上各個區域的降雨方式等氣候特徵，主要是由該地區的緯度來決定的。這是因爲大氣的大規模流動特徵與緯度有著非常密切的關係。若是把地球當作是一個個體來思考的話，進入到大氣上部的太陽熱能應該要和從大氣上部如大氣、大地以及雲等地方釋放到太空的熱能是均等的才對。但是，實際上，以緯度40度左右爲界限，進入到赤道的熱輻射要比釋放出的熱輻射多，極端的部分則是相反，總之，赤道部分的大氣中熱能會呈現多餘的傾向，而極端部分則是呈現熱能不足的傾向。地球爲了消除這個不均等狀態，才會出現大氣以及海洋的

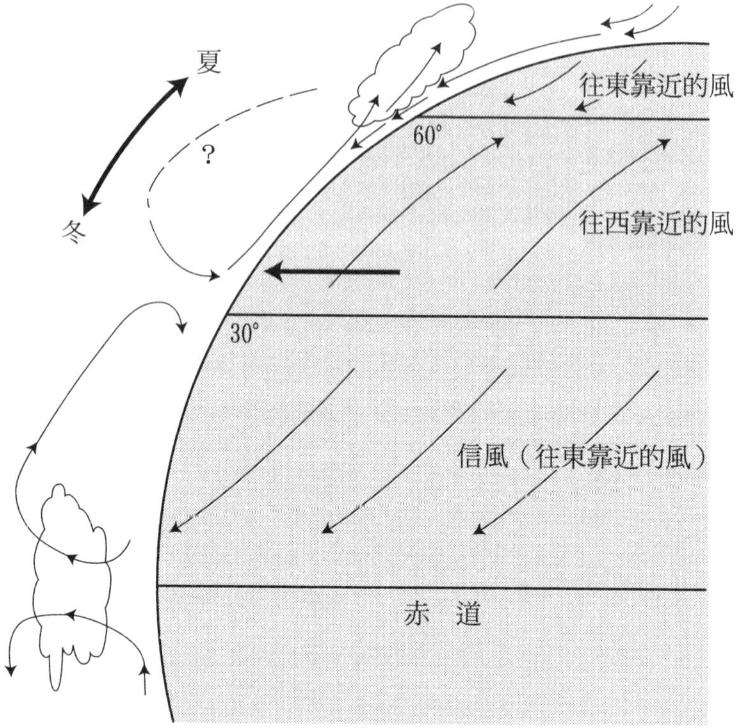

圖11．1　地球上主要的氣候帶與緯度帶之間的關係　氣候帶在北半球的夏季時，會整個往北移動，冬季時則是會往南移動。

大規模流動，試圖把熱能運送到南北邊。這個流動方式也深受地球自轉的影響。

圖11．1是把地球產生的大規模大氣流動的特徵，大略地標示出來的圖。但是，各個緯度的大氣流向會往東西向平均，而且實際上吹拂的風向更爲複雜。首先，將下層大氣的流向分成三個具有各自特徵的緯度帶。在低緯度帶地區，會明顯地吹拂著往東的風，這個風向也

稱爲信風（譯註：又稱爲貿易風）。夏威夷就位於這個信風帶的中間。另外，中緯度帶則是往西的風較爲明顯，也稱爲偏西風帶，日本列島大致上是位於此位置。高緯度帶則是再次以往東的風爲主。這種大規模的大氣流動也事先決定好地球上降雨方式以及降雪方式的基本特徵。

在赤道附近，因爲下層一直有著往東的風從北半球以及南半球吹來，並且撞在一起，所以這裡產生的積雨雲非常容易發達，幾乎每天都會降下對流性的強降雨。這個區域又被稱爲熱帶輻合帶，是地球上降水量最多的地區。中緯度的偏西風以及高緯度的偏東風所碰撞的緯度帶也是容易降雨或是降雪的區域。在這裡，由於暖空氣會和冷空氣撞擊在一起的緣故，因此鋒面以及低氣壓也相當地活躍。總之，熱帶輻合帶與由積雨雲所帶來的以雨爲主體的氣候現象不同，這個緯度帶最大的特徵是，不僅是只有對流性的雲，層狀性的雲也會帶來廣範圍的降雨。這可以說是中緯度輻合帶，或者是中緯度低壓帶。另外，信風帶與偏西風帶之間的緯度帶，會從上空降下大規模的空氣，因此下層的空氣會四散開來，使得這個緯度帶非常不容易形成雲，同時也非常不容易有降雨。這個區域經常覆蓋著高氣壓，稱爲副熱帶高壓帶。

在圖11．1所標示出的大氣流動是因爲要將太陽傳來的熱能重新分配到大氣內所產生出來的，所以這個流動會因季節變化時，太陽高度變化時往南北邊移動。總之，在北半球的夏天，圖內的大氣流動會整個往北移動，冬季時則會整個往南移動。各個緯度帶的降雨及降雪方式受到大氣流動往南往北移動的影響，也會有著非常大的季節變化。圖11．2為變化過程模式化後的圖表。另外，圖11．3為將各個緯度帶中年降水量以東西方向平均計算之後的結

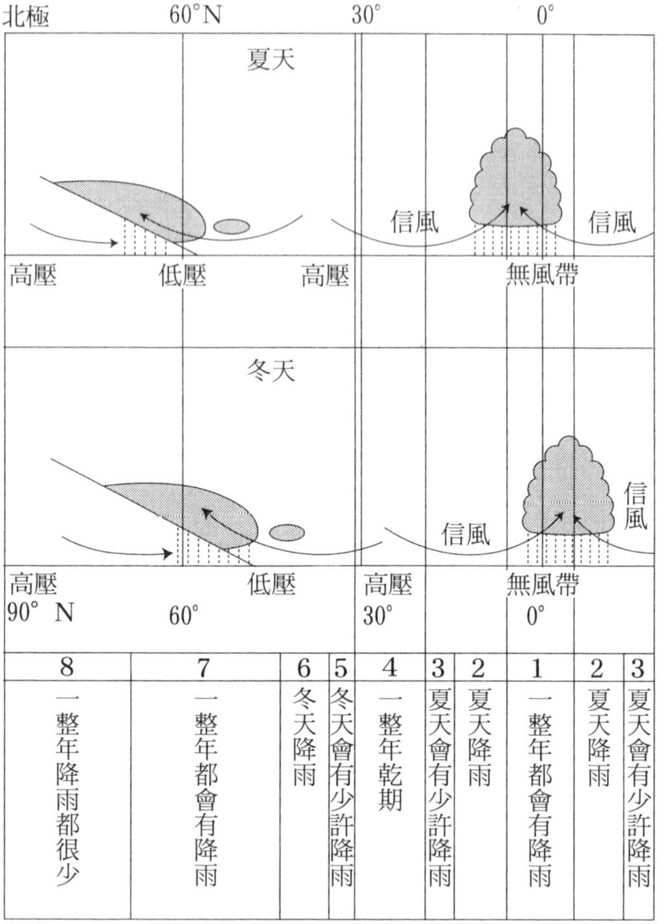

圖11．2　各個緯度帶的降雨特徵以及氣候帶隨著季節的移動方式　引用自Trewartha（1968）

果。

首先，赤道附近緯度帶，不管大氣的流動方向是往南移動還是往北移動，一整年都會受到熱帶幅合帶的影響，幾乎每天都在降雨，是一個年降水量非常大的緯度帶，因此稱爲熱帶濕熱氣候。在這個緯度帶稍微高一點的緯度帶，即使夏天會受到熱帶幅合帶的影響，但冬天則是會受到副熱帶高壓帶影響的關係，雨季和旱季會非常明顯，90％以上的年降水量會在雨季降下，這個地區稱爲熱帶濕潤氣候地區。當然，一整年都位於中高壓帶的緯度帶地方，年平均降水量就會比較少。另一方面，一整年都位於低壓帶的緯度帶，則會有無關季節的降雨，年平均降水量也很大，僅次於赤道附近區域。而且，這兩個緯度帶之間，冬季時會受到低壓帶的影響而會有降雨產生。因爲日本列島的緯度介於北緯25～45度之間，緯度帶幾乎都

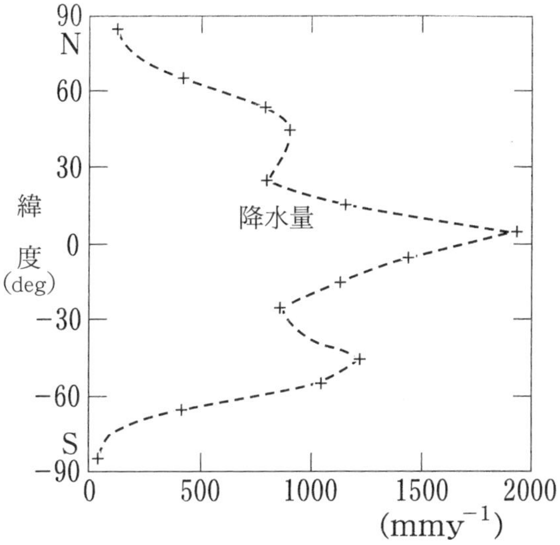

圖11.3　年平均降水量的緯度分佈圖　這是將各個緯度帶的降水量以東西方向平均之後計算出來的數值繪製的。引用自 Sellers（1965）

位於副熱帶高壓帶中，原本應該是降水量少，列島的北部在冬季時會受到低壓帶的影響，冬天的降雨（應該是降雪）應該只會有少量的程度才對。但是，實際上日本的年平均降水量達到１７００毫米之多，等同於赤道附近地區的降水量。在地球上，日本的降雨也是極為特殊的。

熱帶地區的降雨

熱帶輻合帶的降雨特徵之一是，大氣下層一直會有溫潤的空氣，就算只有一點點的刺激，也可以讓積雨雲發達起來，所以每天幾乎都會降下大雨。這樣的降雨情況，去過熱帶國家旅行的人應該都有體驗過。有趣的是，儘管降雨次數這麼多，在雨中撐傘走路的人卻不如日本來得多。那是因為雨勢太大，大到無法在雨中撐著傘走路，加上這個大雨不會持續很久，非常短的時間內就會結束，所以只要暫時找個地方稍微躲雨就好。而在日本，達到某種強度的降雨會持續下了好幾個小時，所以會需要用到傘，另一方面，雖然有時候比較弱的降雨會連續下超過10個小時以上，需要用到雨衣，但有時候雨勢會強到連穿雨衣都不夠，還必須要同時撐傘才行。

受到熱帶輻合帶影響的熱帶溫潤氣候地區以及熱帶乾濕氣候地區，還具有一個特徵，就

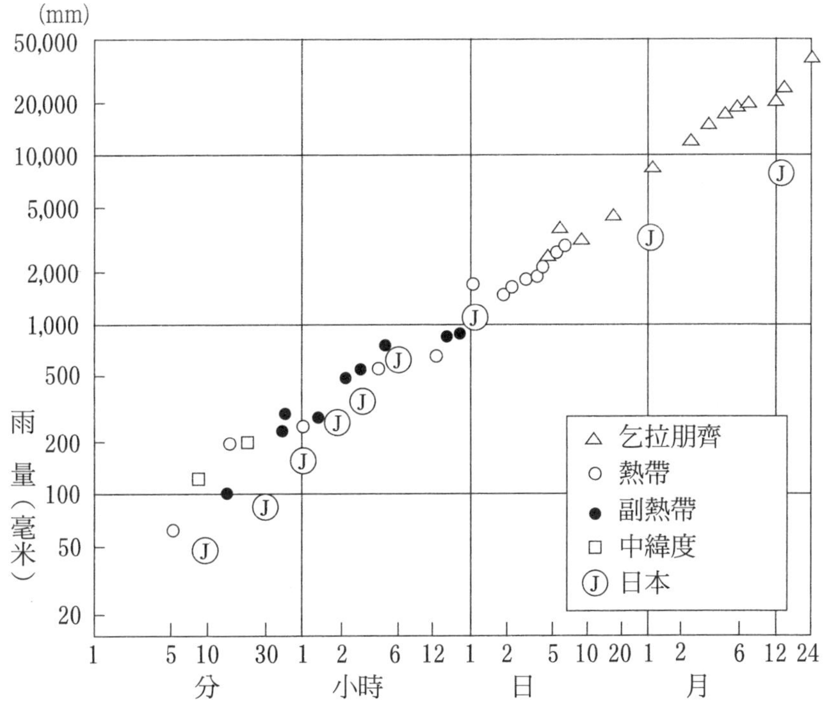

圖11.4 各個時間帶雨量的世界紀錄數值以及日本的紀錄數值 日本的一個小時到一天的時間帶所紀錄的數值接近世界紀錄的數值。引用自二宮·秋山（1978）

是會出現驚人降水量的大雨，而且還會下超過一天以上。圖11．4爲各個時間帶雨量的世界紀錄數值，在一天以上的時間帶中雨量的世界紀錄，全部都是上面兩個氣候地區，也就是都是位於熱帶地區的紀錄。比如說，印度洋的留尼旺島有過一天降下1870毫米的降雨紀錄，印度的乞拉朋齊則是有一整年下了2萬6470毫米的降雨紀錄。還有，在位於熱帶地區的山岳上風處也能經常地觀測到一萬毫米的年降水量。一年降下一萬毫米的這個降水量，代表著每天降下30毫米的降雨並且持續一整年，是非常多的量。

會帶來降雨的大氣擾亂中，最具代表性的就是低氣壓，只是低氣壓大多時候不會停滯下來，會直接穿過的關係，所以一個低氣壓很少會在同一個地區持續降下一天以上的大雨。長時間帶，或者是長期間大量的降雨，需要有溫潤空氣透過大規模的大氣流動持續供給，並且在這些空氣長時間持續地吹向山岳的同時，不是會帶來降雨的大氣擾亂頻繁地通過該地點，就是特別的長時間停滯於該地，才有可能第一次出現這種降雨情況。印度的乞拉朋齊的年平均降水量約爲一萬一千毫米，這也是一個非常驚人的降水量，但是這個地方也曾經在一年內下過兩倍以上的兩萬六千毫米的雨量，熱帶地區的降雨眞是驚人。話又說回來，宮崎蝦野高原也曾經下過將近一萬毫米的年降水量，同時這也是日本年降水量的最高記錄，日本的降雨也是相當驚人。

實際的降水量分佈會深受陸地存在的影響。特別是由陸地以及海洋之間的大規模溫度差異所產生的季節風，這一股風會在夏季的亞洲持續地從海洋把大量的水蒸氣往陸地運送。在東南亞，南西季風是容易帶來降雨的大氣流動，這個地區的年降雨量記錄中，數値比較大的降雨量紀錄是在南西季風容易受到地形影響的島嶼或是半島西側地區所紀錄到的。

溫帶地區的降雨、降雪

如圖11．3所示，40～50度的緯度帶，就算是以東西方向來平均計算，也是年平均降水量較多的緯度帶。這個緯度帶幾乎一整年都籠罩在低氣壓中，因此容易受到溫帶低氣壓活動的影響，經常會降雨及降雪。北美、歐洲以及東亞大部分都屬於這一個緯度帶，北美洲西岸的西雅圖或是日本的北海道也是位於這個緯度帶。

實際上，溫帶低氣壓的存在，就是地球大氣中大規模流動中最大的特徵之一。在北半球，以低氣壓的東側為中心吹拂的偏南風會把溫暖空氣往高緯度地區送，以西側為中心吹拂的偏北風會把冷空氣往低緯度地區送過去。如同前面所提到的，以緯度40度為境界，低緯度地區（赤道部分）的熱能會多出來，高緯度地區（極端部分）的熱能則會不足。為了要消除這種熱能的不均等狀態，大氣會藉由流動將熱能往南北輸送，其中最活躍的地區就是中緯度帶地區，最有效率的就是溫帶低氣壓。

溫帶低氣壓內主要的降水，是從層狀性雲在廣泛區域降下的雨或是雪，但從圖11．4中可以得知，要注意的是1小時以內時間帶的世界雨量紀錄就是在溫帶地區出現的。1小時以內的時間帶所出現的強降雨，或是大雨都是由積雨雲所帶來的，只不過因為暖空氣和冷空氣會在低氣壓周邊的寒冷鋒面等地方撞在一起，所以和熱帶幅合帶相比起來，大氣的成層在這裡會比較不穩定，積雨雲也會一而再，再而三地非常發達。

因爲溫帶低氣壓會由西往東移動，所以由低氣壓所帶來的降水量，會根據陸地內的位置不同而有著相當大的差異。不管是哪一個陸地，在西岸附近，低氣壓都會先在海洋上接收大量的水蒸氣供給之後才會登陸，因此帶來的降水量也會比較多。這個氣候稱爲溫帶海洋性氣候，當然，在冬季裡就會帶來大量的降雪。北美俄勒岡州的喀斯喀特山脈、英屬哥倫比亞洲的海岸山脈以及南美的安地斯山脈西斜面等都是屬於地球上的常降雪地區，而這些地點都是位於陸地的西岸，以氣候上而言，都是位於這個溫帶海洋性氣候。和這個氣候相比，陸地東部則是屬於溫帶陸地性氣候，因爲通過陸地東部上方低氣壓內的水蒸氣較少，基本上降雨量以及降雪量都沒有這麼多。北海道位於歐亞陸地的東部，以氣候上而言是屬於溫帶陸地性氣候，但是有趣的是，因爲緊鄰著供給大量熱能以及水蒸氣給大氣的溫暖日本海，所以即使北海道位於這一個氣候的區域內，降雪量仍異常地多。

第十二章　副熱帶地區的降雨

北緯35度周圍的雨

日本列島大致上位於北緯25度到45度之間，以氣候帶而言，是位於副熱帶到溫帶之間。如圖11．2所示，從地球整體的平均來看的話，這個緯度帶幾乎一整年都處於高壓帶，降雨少，只有北部在冬季時會有少許的低氣壓進來而帶來水氣。看地圖就可以清楚地知道，北半球的沙漠地帶有很大一部分都位於這一個緯度帶中。日本即使位在這一個緯度帶之間，年平均降雨量仍有1700毫米，眞的是非常不可思議。

日本列島的中央位於北緯35度左右，接著就再來看看整個地球上，這個緯度周邊的降雨方式。圖12．1是某一個位於北緯32～38度之間的觀測點，標示著一九六一年到一九九零年爲止，三十年間的平均降水量。電視上播放的阿富汗首都喀布爾以及伊拉克首都巴格達也是屬於這個緯度帶。除了令人痛心的戰爭畫面之外，對於這些居住在雨量少地區的人民生活方式應該很有印象才是。阿爾及利亞的比斯克拉位於東經5度，年平均降雨量只有少許的21．

9毫米。和比斯克拉相比起來，位於東經130度的福岡市，年平均降雨量則達到了1600毫米左右，是在圖12．1所標示的觀測點中最大的年降水量。就算是同樣都是位於太平洋沿岸地區，北美的聖地牙哥的年平均降雨量卻只有252毫米。由此可知雖然位於副熱帶中的同一個緯度帶，但是地區不同，降雨量也會有所不同。

副熱帶溫潤氣候

圖12．1的一大特徵，就是在歐亞陸地的東岸附近，也是日本周邊以及北美陸地東岸附近的降雨量特別的這件事。圖12．2就是把雖然位於副熱帶高壓帶，但爲什麼還會發生如此情況的解答模式化後的圖。實際上，就算是副熱帶高壓帶，也並非所有地方都處於圖12．2的狀態。如同在天氣圖中經常看到的，副熱帶高氣壓並不是往東西方向延展的帶狀，而是像太平洋高氣壓，或是像大西洋高氣壓一樣，會以高氣壓爲中心，等壓線往外大大的圍繞著中心的樣子存在著的。因此，這些高氣壓的東側部分，從高氣壓大規模地流出去的氣流，會變成從北西、北或是北東邊吹來的風，西側部分則是變成南東、南或是南西方向吹來的風。因此日本列島在溫暖氣候期大多會吹拂著南風或是南西風。

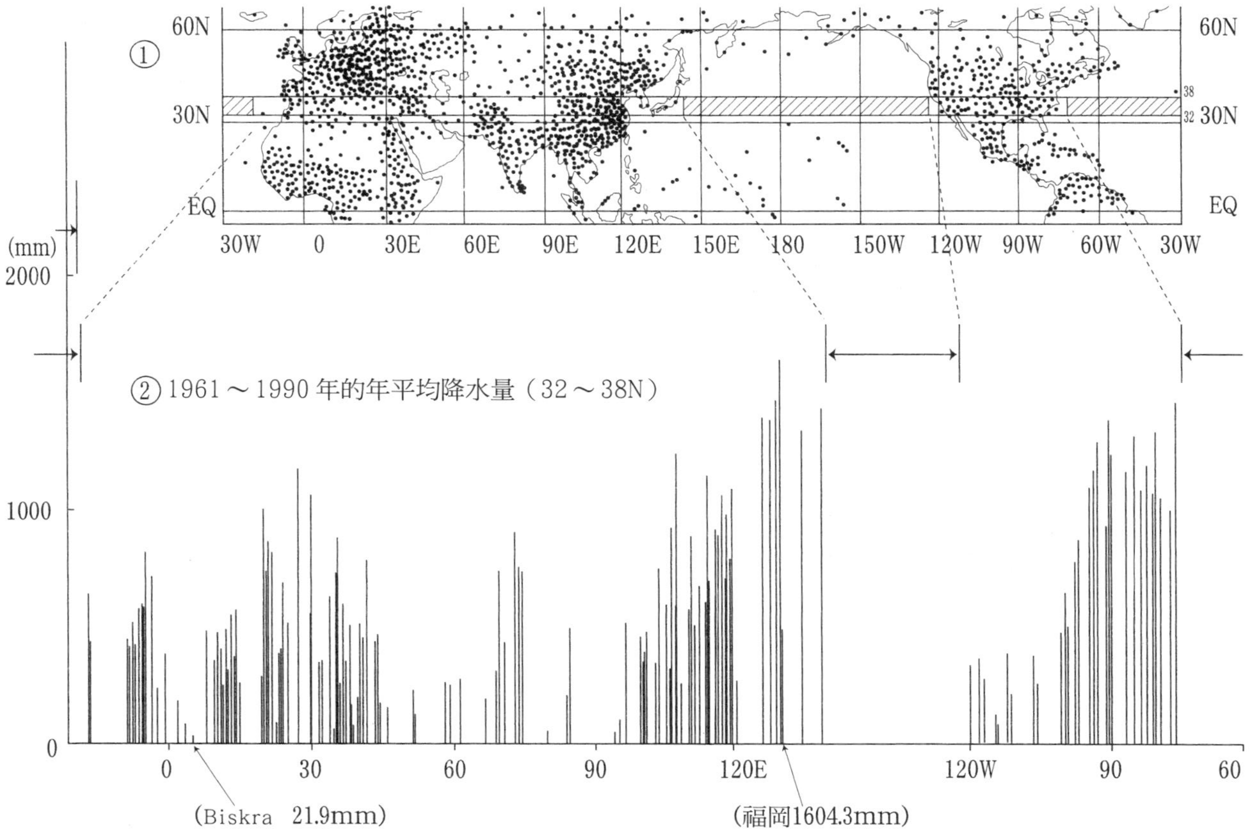

圖 12.1 位於北緯 32 度到 38 度的緯度帶之間的某個觀測地點的年平均降水量 降水量數值是把從 1961 年到 1990 年爲止的三十年數值平均計算。

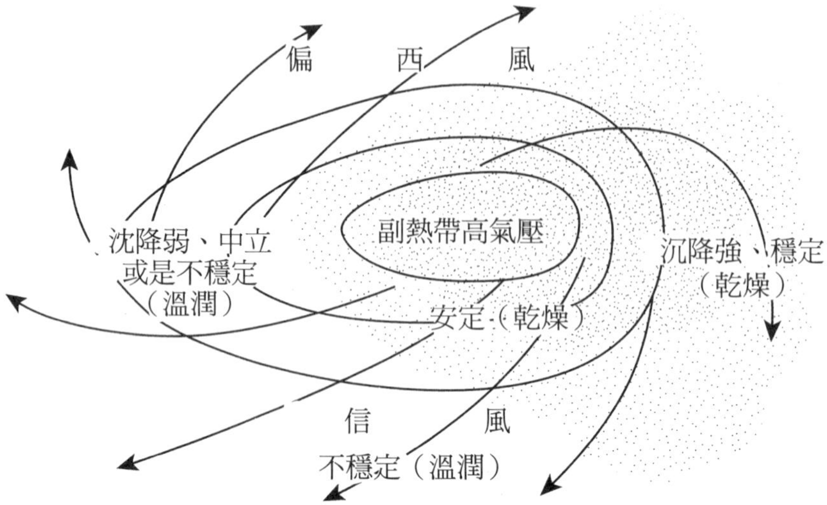

圖12.2　副熱帶高氣壓周圍的氣流　西側的南風以及南東方會經過位於陸地東邊溫暖的海流上風，東側的北風以及北東風則會通過寒冷海流的上風。引用自Trewartha（1968）

最有趣的地方在於，在日本列島周邊的海上，有著從南方流過來的溫暖海流，也就是黑潮。因此，在太平洋高氣壓西側吹拂的南風以及南西風就會在這個海流上面吹拂著，並且吸收海面上的水蒸氣及熱能，最後變成溫暖又潮濕的空氣登陸到日本列島上。這個情況和中國東部、台灣以及朝鮮半島也是一樣的。原本，這些地區會受到太平洋高氣壓的影響，長年籠罩在不容易降雨的大氣下才是，但是因爲這些地區會受到在陸地東側流動的暖流幫助，或著應該說是受到帶來降雨的溫暖又潮濕的空氣幫助下，才有了降雨的機會。這裡的大氣也是容易引起對流現象的大氣。

這些地區在氣候學上稱爲副熱帶溫潤氣候，是位於副熱帶卻容易出現降雨的區域。位於大西洋高氣壓西側的北美陸地的東岸周圍，有同爲溫暖海流的墨西哥灣暖流通過，所以也一樣是屬於副熱帶溫潤氣候。不只是北半球，連南半球的非洲陸地、南美陸地以及澳洲陸地的東岸也有著相同的氣候，這些都是容易出現降雨的地區。紐西蘭也同樣屬於副熱帶溫潤氣候，降雨方式和日本也有些許相似的地方。

不同於位在太平洋高氣壓或是大西洋高氣壓西側的溫潤區域，如加州般位於高氣壓的東側，陸地西岸周圍的地區，因爲高氣壓東側的北西風以及北風會通過寒流的上方吹來，所以在夏天時空氣會很涼爽且乾燥。雨量也很少。加利福尼亞洋流屬於寒流，拜此所賜，前面提到的聖地牙哥也是屬於這種氣候，因此聖地牙哥是美國國內數一數二的避暑勝地。位於副熱帶中，卻呈現這種情況的地區，常見於北半球以及南半球陸地的西岸，以氣候學而言稱爲副熱帶乾燥氣候地區，像聖地牙哥等地，年平均降雨量並不多。如同剛剛所提到的，即使同樣位於副熱帶高壓帶，如圖12．1所示，有些地區會經常降雨，有些地區的降雨量則非常少。

中尺度的降雨現象

這裡再看一次圖11．4吧！有趣的地方在於，一個小時到一天左右的時間帶中，降雨量的世界紀錄，大多會出現在副熱帶地區。而且全部都是在副熱帶溫潤氣候地區所觀測到的。如同前面也有提到，在1小時以內的短時間所記錄到的強降雨是由發達後的積雨雲所帶來的，這種非常發達的積雨雲經常可以在熱帶以及溫帶地區觀察到。但是，積雨雲產生並發達，就代表著大氣原本處於容易對流的狀態，也就是大氣下層必須要處於溫暖且潮濕，而上層必要冰冷，且透過產生積雨雲並且發達之後，大氣才不會再處於這個狀態。為了要讓積雨雲一個接著一個發達，就必須要讓大氣成層維持在不穩定的狀態，並且必須持續地供給溫暖潮濕的空氣到下層，以及持續地供給寒冷空氣給中層、上層才行。在1小時到一天的時間帶內降下大量雨的這個現象，大部分都是發達之後的積雨雲集團所帶來的。

總之，會有數十公里到數百公里大小的中尺度-β的積雨雲集團出現並發達，主要都是在副熱帶溫潤氣候地區的關係，而且這種降雨現象會出現並發達也是這個氣候地區的特徵。但是，如同在圖11．4中可以看到的，就算會有在十分鐘內降下100毫米的積雨雲、1小時降下600毫米的積雨雲、或是無法形成積雨雲群卻可以在1小時降下250毫米的積雨雲，或是出現了積雨雲群，也都無法形成一天能夠降下6000毫米的積雨雲群，仔細想想還眞的是很不可思議。在各個時間帶的雨量界限，以整個地球大氣來看，又是怎麼決定的呢？這眞是個有趣的問題。

日本降水的特徵

大部分的日本列島都位於副熱帶濕潤氣候地區內，如同圖11．4中所示，即使在日本，1小時到一天的這個時間帶內經常下著大量的雨，這個時間帶內日本的降雨紀錄甚至可以與世界紀錄匹敵。換言之，在1小時內到一天內帶來大量降雨的這件事，也就是經常出現集中豪雨這個現象，是整個地球上，日本降雨最不同於其他地方的特徵。以緯度而言，日本位於副熱帶高壓帶，原本應該不會經常降雨，但是因爲日本列島位於東亞陸地的東岸附近，太平洋高氣壓的西側，周圍還會有黑潮經過，所以會出現帶來大量雨水的集中豪雨，這個現象眞的是很有趣。

加上梅雨期和秋雨期，溫暖氣候期間經常吹起濕潤的南風或是南西風，再加上積雨雲、積雨雲群、鋒面以及低氣壓會帶來大量的降雨，還有，日本列島每年都還會有颱風侵襲。太平洋上方一年會形成大約20～30個颱風，裡面有幾個會靠近或是登陸日本，帶給日本各地大量的降雨。那些雨除了颱風的雨帶，或者是由颱風眼周圍的積雨雲直接帶來之外，如同前面所提到的，主要是由南東風把大量水蒸氣送進去日本列島的緣故，所以也會有很多是由地形性降雨所帶來的降雨。在日本，1小時的時間帶中所記錄到的降雨現象，大多是隨著颱風登陸或是靠近時所產生的。日本的年平均降水量是１７００毫米，其中三分之一是伴隨著吹起南西風時的梅雨鋒面、秋雨鋒面以及低氣壓所降下的。颱風正是日本列島重要的水源來源。

日本的降水特異之處在於，冬天也會以降雪的方式帶來大量的降水，年平均降水量的三分之一都是降雪。以日本所處的緯度帶中，在地球上只有日本列島會在連平原都出現降雪現象，同時，也只有日本會出現毫雨和毫雪的氣候現象。降雪是由在太平洋沿岸地區移動的低氣壓所帶來的，偶爾會在東京等地降下大雪，不論如何，日本降雪的特徵就是在日本海側的降雪。在日本有一句理所當然的說法：「當西高東低的冬天大氣壓力型態開始成形，寒冷的北風以及北西風開始變強的時候，同時也會帶來大量的降雪。」但其實這個降雪現象對於整個地球而言，也是屬於非常稀奇的現象。

實際上，從陸地以季節風的姿態吹出來的寒冷空氣，因爲溫度非常低的關係，所以空氣裡面含有的水蒸氣很少，帶來的降雪也會變少。只不過，日本旁邊有著溫暖洋流流過日本海的緣故，寒冷空氣會在日本海上吸收大量的熱和水蒸氣，之後才會登陸日本列島。而且，因爲海面很溫暖，寒冷空氣愈冷，就愈容易上下翻轉的關係，使得對流容易發達，水蒸氣、水和冰得以儲存在高空的雲層裡。而當這些含有大量水份的雲登陸之後，就會撞到日本列島的山脈，所以日本海沿岸地區到山脈地帶才會有如此大量的降雪。吹來的寒冷空氣愈冷，降雪量就愈多的這個現象，除了日本海沿岸之外，就只有北美陸地的五大湖附近才會出現。

〈瀕臨危險的日本水資產〉

如同剛剛所提到的，因爲日本列島位於太平洋高壓的西側、颱風的路徑上，以及還有旁邊的日本海，這些看似奇蹟般的條件搭配在一起，才能讓日本得以降下足以媲美熱帶地區的年平均降雨量。但是，有很多日本人對於日本有著在世界中也算是水資源豐富的國家的想像，但是這裡有一件希望大家可以注意到的事。的確年平均降雨量1700毫米算是多的，但是因爲日本人口多，若是把這些降雨量平均計算到每個人身上，並且和世界各國比起來的話，排名其實是非常低的。再加上，日本山脈坡度又急又嚴峻，導致列島上的降雨沒多久就流進了大海，無法有效地利用。年降水量中，到流進大海之前，眞正使用在生活、農業以及工業等地方的用水只佔了15％以下。而且，還有一大部分的水是冬季大量降在山岳地帶，入春之後才會融化並且流入河川的雪水。

日本列島位於本來降水量應該要很少的緯度帶，因爲有了這些奇蹟似的條件搭配在一起，才得以讓日本享受到這些降水的恩澤，同時也代表著，當這些條件產生變化時，也較容易出現枯水的情況。實際上，現在已經有過好幾年一次的枯水或是缺水的情況了。到目前爲止，在事態變嚴重之前，都會很不可思議的剛好有颱風靠近，在列島上帶來降雨，因此人們也很快地就會忘記水資源不足的事情。只不過，如同後面會提到的，要擔心的是當地球暖化等整個地球規模的環境變化發生時，地球上的降雨以及降雪方式也會隨之產生變化。同時也可以預想得到日本列島上這些奇蹟似的降雨、降雪方式也會隨著改變。雖然在日常生活中水資源使用方式等日本文化，的確也是從這些降雨和降雪的恩澤中所培養出來的，但這種情況也並非是永久性存在的。

第十三章　雨的遙相關

透過人造衛星進行雨的觀測

在雨的科學中，有一件到了近年才闡明，很有趣的事情，那就是在各地區降雨量的變動與地球規模的現象有關，而且在距離這裡很遠的地區，當地降雨量的變動也是互相有著緊密的關係。然而，另一方面，要掌握整個地球的降雨量分佈依舊是一件非常困難的事。那是因為海上無法設置雨量計或是雷達，而且除了島嶼和島嶼周邊之外，也無法觀測海上雨量的緣故。不只是海上，現況就是連在陸地上，比如說在沙漠等比較偏僻的地方也沒有比較好觀測雨量的方法。現今，最受期待的觀測手法，就是透過人造衛星的觀測了。

人類最初的人造衛星，是在一九五七年發射的蘇聯史普尼克衛星。當時還是大學二年級的筆者坐在草原上，看著星空中那個衛星的軌跡，非常地感動。那已經是將近五十年前的事情了，現在則是已經到了任何一個人每天都可以在電視上看到地球規模的雲的分佈以及變化圖。然而，從能透過幾個靜止衛星和軌道衛星得以時時刻刻把握全球雲的分佈至今，也不過二十年左右，而且利用人造衛星來進行雨量觀測的這個方法也還有很多問題點。

這裡不詳述各種觀測的手法，不過到目前爲止廣泛測試的手法，都是利用雲頂高的積雨雲群會有帶來大量降雨的傾向來進行觀測。總之，這是一種用紅外線鏡頭測量雲釋放出來的能量，並且從這裡去推算雲群的雲頂溫度及高度，藉此推測出那些雲群會帶來的雨量。只不過，實際上也有些地方是被雲頂溫度低的層狀性雲所覆蓋，只用雲頂溫度和雲頂高度來推測雨量的這個方法，一般而言誤差會比較大。就原理而言，比較有希望的方法是，測量雲在微波領域（波長1毫米到1公尺的電波領域）中所釋放出來的能量。由於構成雲的雲滴和雨滴會釋放出微波能量，而且這個能量正好能夠確實地反映出水滴的水總量，因此可以利用這一點來測量。透過推測雲內液態水的總量，也可以推算出雲會帶來多少雨量，就此方法而言，這是一個很不錯的方式，但是這個方式還是有一個缺點，那就是當雲裡面出現較大的雨滴以及降雪粒子時，這些粒子會產生散射效應，使得雲釋放出來的微波能量減少，導致最終所測量出來的液態水總量會和眞正的降雨量產生很大的誤差。實際上，現在測量時，會測量幾個不同頻率的微波能源，因爲不同頻率的微波能源所產生的散射效應會不一樣，所以可以藉由這個方式來彌補缺點。不過，比較大的問題點是在於，大部分負責測量雲所釋放出來的微波能量的衛星，只會偶爾經過地球上的各個地點吧（比如說一兩個禮拜內只會經過一次）！

〈劃時代的熱帶降雨觀測衛星TRMM〉

雖然各種物品都會隨時隨地釋放出各種頻率的能量，但是上述的兩個方法，都是透過人造衛星上的感測器來測量雲所釋放出來的紅外線或是微波能量，進而推算出降雨量。現在還有一個更新的測量手法，就是先從人造衛星上搭載的降雨雷達中發射出電波，然後再利用這個雷達接收從雲內的降水粒子所反射回雷達的電波。這是在日美科學合作之下，於一九九七年發射到太空，稱爲TRMM（熱帶觀測降雨測量計畫，Tropical Rainfall Measuring Mission），同時也是世界首次的計畫（圖13．1）。這個方法可以讓人造衛星直接觀測降雨量，所以是一個非常優秀又劃時代的測量方式，只不過因爲人造衛星的軌道以及雷達波掃描範圍的關係，此衛星一天最多也只能觀察數次熱帶到副熱帶地區上的雲。

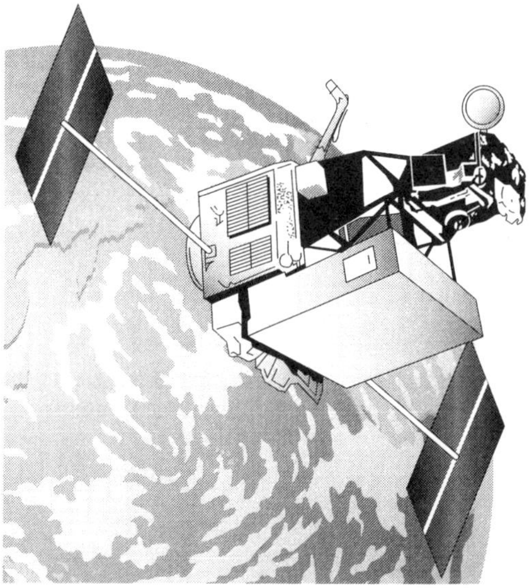

圖13.1　TRMM（熱帶觀測降雨測量計畫）的人造衛星

ＴＲＭＭ是一個非常耗時耗工耗費經費的計畫。包含技術開發以及取得預算等，這個計劃的推進需要非常多人的努力，到眞正實現爲止，也花費了相當長的歲月。當筆者代表日本參加一個審查關於世界氣候未來研究計畫的會議時，對於這個計畫的實現，即使日本付出了相當程度的努力，來自出席者的要求仍舊相當嚴苛。但是，隨著ＴＲＭＭ的成功，後來也有了類似的人造衛星發射計畫。

這三種方法到現在都有人在使用。但是如果要正確地推算出時間和空間都有激烈變化的降雨量，或者是根據雲的類型不同所產生出不同性質的降雨量，這三種方法都不適合。倒不如說，這三種方法非常適合用在推算直徑數百公里領域的月平均降雨量，實際上這三種方法也經常被使用在這個部分。

異常多雨

前面提到的集中豪雨也是屬於異常的大氣現象，一般而言，講到異常氣候現象的話，就像是猛暑（譯註：此爲日本專有名詞，指的是當天高溫達到35℃以上時的情況）、冷夏（譯註：此爲日本專有名詞，指的是夏天時地區平均溫度比往年低）、異常多雨或是降雨量異常少等等，和準平均（譯註：氣候平均，Climatological Normal）相異的異常現象。這裡

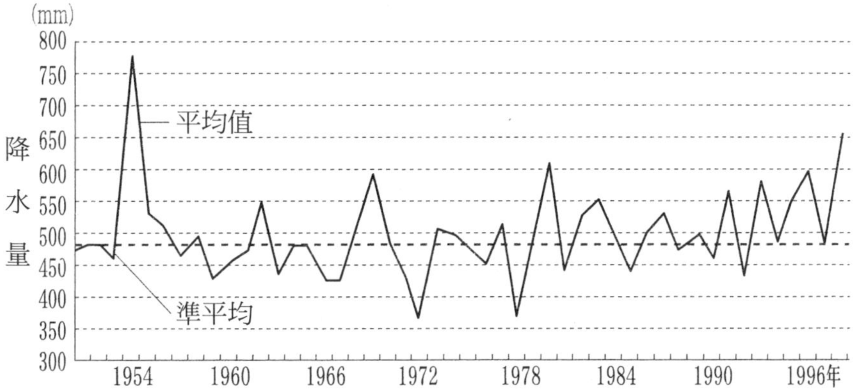

圖13．2　位於長江流域的86個觀測點的6～8月的平均降水量的年際變化圖

的準平均指的是30年氣象的平均值。最近的話，一九九八年的六月到七月，在長江流域出現的大雨，各位應該還記憶猶新吧！從圖13．2中可以得知，這個異常多雨也可以說是過去50年從未有過的現象。這一年的長江流域，到八月爲止的這半年，降雨量也非常多，往年是1000毫米到1500毫米左右而已，這半年有些地方的雨量甚至超過2000毫米，還引發了大洪水。

近年來發現到，像這種異常多雨的現象不只是單一地區的現象，而是一個相當大範圍現象中的一環，除了很難找出特定原因之外，這似乎也與地球規模的現象有關係。一九九八年，新瀉地區在八月上旬也出現了不該在這個季節降下的大雨，給糧食生產區帶來相當嚴重的洪水災害。實際上，調查人造衛星的資料之後發現，當雲頂高且會帶來大量降雨的雲群頻繁地出現在長江流域的那個月份，新瀉地區的北方海上就會容易出現同樣的雲群。因此，也可以說一九九八年八月上旬，就是因為那樣的領域出現在新瀉地區，才會導致異常的大量降雨產生。

以在日本發生異常多雨的例子而言，比較新的是一九九三年六月到七月的例子。隔年，一九九四年的夏天是一個異常高溫的夏天，全國六月到九月為止的雨量都很少，對農業造成了相當大的損害，但到了一九九三年的夏天則是冷夏，且以梅雨季節為中心，全國各地都出現了大量的降雨，九州等地區還有豪雨引起的災害。接著兩年出現的異常氣候現象剛好可以互相對照。比如說對比福岡市六月到八月的雨量，一九九三年約是1100毫米，一九九四年則是200毫米，兩年差距了五倍以上。另外，這個期間的準平均是520毫米左右，所以一九九三年的雨量是準平均的兩倍以上。還有，鹿兒島的六到八月雨量的準平均約是920毫米，一九九三年同一個時間則降下了2500毫米的雨量。

〈降雪量和降雨量會隨著偶數年和奇數年改變？〉

就如同一九九三年和一九九四年是異常氣象的年份，在調出包含這兩年的長時間人造衛星的資料來看之後，發現到一件非常有趣的事情。圖13．3是比較一九九三年和一九九四年

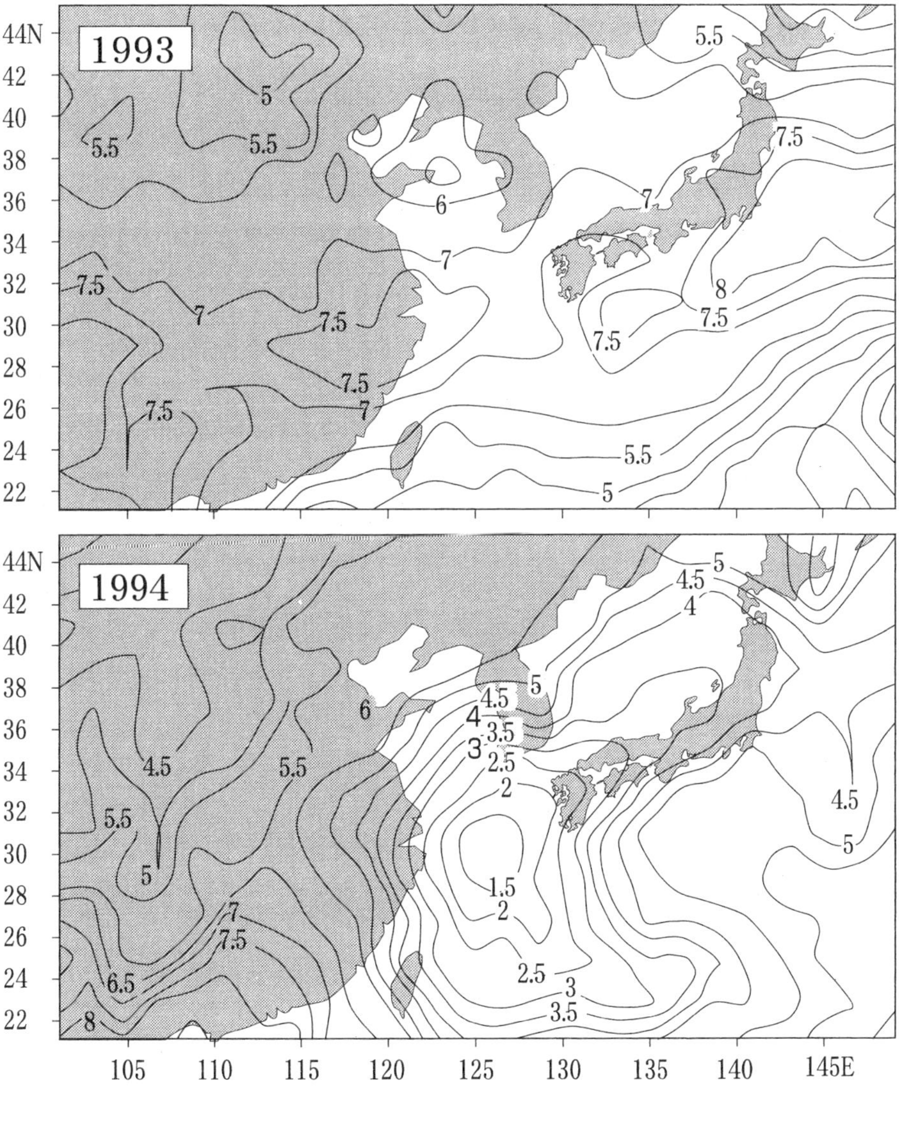

圖13.3　1993年和1994年七月的平均雲量分佈圖　1993年的日本列島是冷夏且多雨，1994年則是猛暑且少雨。

日本列島周邊的月平均雲量圖。一九九三年，隨著梅雨鋒面帶，雲量7以上的雲帶從陸地穿過東海延伸到日本列島上方。整個天空都覆蓋著雲的雲量是10，月平均雲量爲7以上指的就是，一九九三年七月的日本列島上每天的天空差不多都被雲覆蓋著。和這相比，一九九四年七月的日本列島的月平均雲量是4以下，非常地低。特別要注意到的是，以東海爲中心，有一個雲量非常小的區域正在擴張。這兩年，會帶來降雨的上層雲雲量也同樣具有這些傾向。

從一九九三年和一九九四年七月的雲量分佈圖可以看出這個差異，之所以會在這兩年特別地明顯，其實是並非如此的地方才是有趣的地方。圖13．4(a)是一九八五年、一九八七年、一九八九年、一九九一年、一九九三年以及一九九五年，也就是奇數年的七月平均上層雲量分佈圖，圖13．4(b)則是一九八六年、一九八八年、一九九零年、一九九二年以及一九九四年，也就是偶數年的平均上層雲量分佈圖。奇數年的平均分佈也包含著一九九三年的雲量分佈，可以看出來奇數年的平均分佈圖中有一個雲量很多的雲帶從陸地穿過東海延伸到日本列島周邊，與一九九三年的分佈非常相似。而偶數年的平均分佈圖則和一九九四年的分佈圖相同，一個雲量很少的區域大大地延伸到了東海，日本列島的雲量也同樣很少。

從圖13．4可以看出，日本列島上雨量多的年、雨量少的年在一九八七年到一九九五年

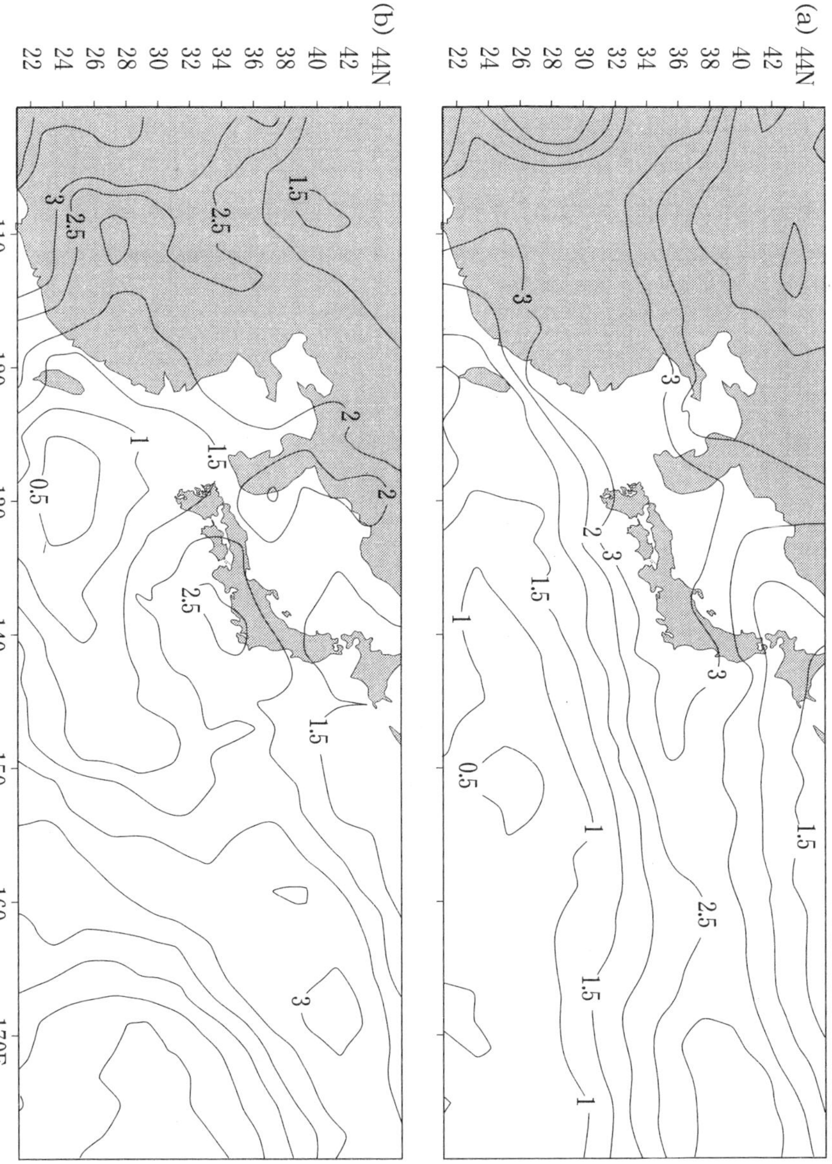

圖13.4 (a)：奇數年（1985、1987、1989、1991、1993、1995年）和(b)：偶數年（1986、1988、1990、1992、1994年）的七月平均上層雲量分佈圖

之間，每兩年會輪流出現一次，這不僅是只有日本列島上才會出現的傾向，從東海到整個陸地都有個傾向。一九九三年和一九九四年的雨量都因爲雲量的傾向而有著相當大的變化，因此也可以說這兩年就是異常多雨以及異常少雨的年份。那麼，如果說要指出這兩年間還有發生什麼其他特別的事情，關於這部分則有幾個可能性。有趣的是，其中一個說法是，菲律賓的皮納圖博火山噴發影響到了雨量。雖然皮納圖博火山的大爆發是在一九九一年的六月，但這一個想法是當時的火山爆發把大量的火山灰和氣體噴到了成層圈，在時間上而言，這些火山灰和氣體後來才對大氣造成了影響。圖13．4中所顯示出來的差異並不一定是每兩年就會出現，一九九五年以後，像是圖13．4(a)或是圖13．4(b)的年，有時候是每三年出現一次，也許應該要說這個現象是每兩年，或是每三年才會出現一次的變化比較好也說不定。

像這種有規律的列島周邊月平均上層雲量分佈的差異，也就是爲什麼會產生月平均降雨量分佈的差異，是一個非常有趣的問題，但是要找出答案還非常非常地困難。以現象論而言，在七月時列島上雲量大的奇數年，大量的水蒸氣非常順暢地從南方海上往列島移動，相對的，就整個偶數年的七月份平均值看來，水蒸氣的移動並沒有出現在列島南方的海上，反而是往北的大量水蒸氣的流動出現在太平洋上方偏東側，東經150度的附近。當然，在七月時平均水蒸氣的流動之所以會因爲年份不同而產生出這種差異，主要是因爲每年的太平洋高氣壓的位置以及強度都不同的關係。但是，如果說為什麼在七月時太平洋高氣壓的平均位置以及強度每兩三年都會有如此大的變化，那是因為整個地球的大氣、海洋每年都會有變化的關係，只不過為什麼會有這些變化，則還沒有答案。

遙相關

發生異常多雨、少雨等異常氣候現象的原因絕對不只一個，還有還多原因，如果是說像如此般會影響到整個地球並且年年變動的氣候現象，且眾所皆知的，就是聖嬰現象了。在大平洋的赤道附近，準平均是經由日照先提升溫度的海水，再透過從東側吹來的信風儲存在西側，因此西側的海水面溫度會非常地高。但是，數年中會有一次，這個狀況會大大地崩垮，最後赤道太平洋東側的秘魯離岸海面溫度將會異常地高於準平均。這就是聖嬰現象。因為這種現象會在每年聖誕節左右的時間發生，所以稱為聖嬰現象，另外數年也會發生一次大規模的情況。圖13．5是當聖嬰現象發生時，把發生的狀況模式化後的圖。

在海面水溫非常高的海域，大量的積雨雲發展旺盛，因此那片海域就會經常性降下大量的雨。降雨指的是，降下來的雨量等於等量水蒸氣的潛在熱能釋放到大氣中，讓大氣溫度上升。總之，在準平均時，赤道太平洋的西側會降下大量的雨，其結果就是會有非常大量的熱

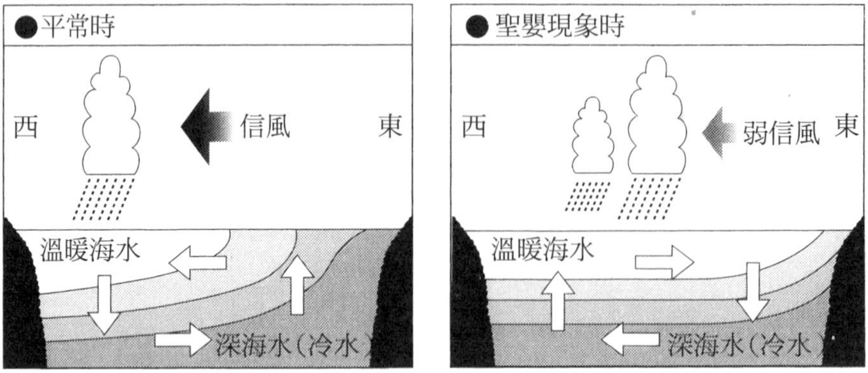

圖13.5　熱帶太平洋區域發生聖嬰現象時的那年與準平均年份的模式圖

能儲存在地球的大氣中。而當發生聖嬰現象時，這些熱源會大大的偏移到東側，使得大氣的流動方式大大地偏移準平均的流動方式，世界各地就會出現異常現象。換言之，就是因爲赤道太平洋的降雨方式會大大地改變，所以離赤道太平洋很遠的地區的降雨方式也會出現很大的變化。以氣象學而言，在距離數千公里以上的兩個地點，出現氣壓、氣溫、降水量或是海水溫度等，與準平均相比出現正或負的偏差且是有意義的相關聯現象時，就稱爲遙相關。在降雨的情況下，就是產生了雨遙相關。

比如說，發生聖嬰現象時，印度和印尼的夏天就會變成異常少雨，產生乾旱，準平均經常處於乾燥狀態的南美秘魯就有可能會變成異常多雨的狀態。遙遠的非洲東部也有可能會降下大雨。因爲是位於赤道太平洋西側的大熱源往東側移動的關係，當然太平洋高氣壓的位置和移動方式也會改變，日本列島受到這個影響，降雨方式也會跟著出現變化。比如說，出現聖嬰現象的年份可能會出現梅雨季延長，也有可能會出現暖冬或是冷夏。前面提到過的西三河東濃地區豪雨等一九七二年的七夕豪雨，就是出現聖嬰現象的一年，而且在一九八二年和一九八三年時還有個規模非常大的聖嬰現象，分別是長崎豪雨和山陰豪雨，當時也留下了相當誇張的紀錄。在一九八三年也同時出現了暖冬及冷夏。

但是，聖嬰現象只不過是產生異常現象的原因之一，原本數年才出現一次聖嬰現象的規律，現在似乎也並非如此了。會讓地球大氣的年際變化出現異常的原因有很多，例如前面提到的火山爆發等，實際上應該是這些現象互相搭配組合，或是相互作用才會使得這些異常現象產生的吧！預測氣象、氣候的年年變動的狀況，也是現在氣象學中的一個大目標。

就像如此，雨的遙相關是異常多雨、異常少雨的一個重要特徵，對於研究降雨的年年變動以及預測而言，也是一個很重要的現象。但是，如同前面重複提到的，要能夠隨時正確地掌握到地球上的雨量分佈以及變化，在尚未有一個好手段可以觀察海上的雨量分佈之前，是一件非常困難的事情。TRMM（熱帶降雨觀測計畫）的最大目標，就是為了這些研究或是預測，盡可能地正確觀測最重要的赤道太平洋的降雨量以及變化。

〈網路與資料集〉

只用一個手段就想要掌握地球上的雨量分佈與變化，原則上應該是非常困難的吧！因此，最近就研發出一個非常優秀的資料集（Dataset），名爲CMAP（Climate Prediction Center Merged Analysis Precipitation）資料。這是借助地球大氣數據模型的幫助，並且融合五種人造衛星的資料以及世界上各地地上雨量計資料所組成的資料集，裡面包含有全球以經度及緯度每兩度爲單位領域的月降水量，而且資料橫跨了二十年。對於長年研究地球上降雨的研究者而言，這是一個了不起到令人難以置信的資料集。因爲只要透過網路，任何人都可以自由地使用、調閱這個資料集且不需要任何花費，現在這個時代眞的很厲害。在筆者曾經待過的研究室裡，有一位新來的H研究生，他在入學第一年的時候，就利用這個系統，一個接著一個解析出關於地球上的雨遙相關非常有趣的分析結果，除了感到驚訝之外，說實在的，眞的很羨慕現在的年輕人可以用到這個資料集。H研究生也有在學會發表那些成果，這裡就把其中一個例子放在圖13．6吧！

此圖是以在赤道太平洋中，降雨量非常多的菲律賓東海上的六月到八月，這三個月的平均降雨量爲基準，調查降雨量增減與各地六月到八月的三個月平均降雨量增減的遙相關。相

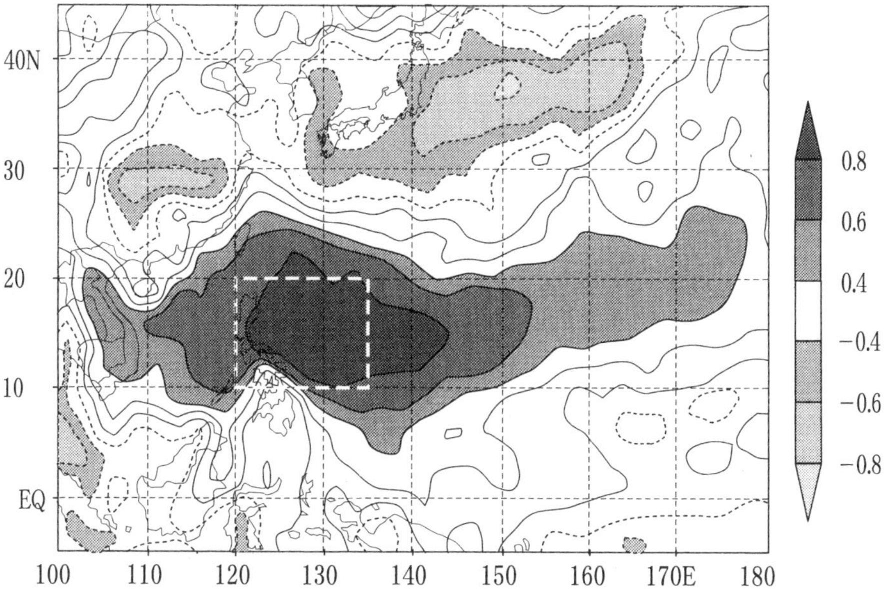

圖13.6　以菲律賓東海上為基準（131-136E、11-21N的區域），六月到八月的三個月平均降雨量的相關資料中的降水量是　使用1979年到1998年爲止，這20年間的資料。

關係數0．5以上的地區，只要作爲基準點的菲律賓東海上的月降雨量增加（或減少）的話，該地區的雨量也會跟著增加（或減少），而相關係數-0.5以下的話，會呈現完全相反的情況，變成減少（或增加）。代表著不管是哪一邊都有著緊密的雨遙相關。單純而言，與其說只要菲律賓東海上的月降雨量多，它就會成爲其他地區雨量增加或減少的原因，倒不如說是這些狀況都是同時產生的。

但是，當菲律賓東海上降下大量的雨時，距離很遠的長江流域或是長江流域的周邊也同時會出現降雨減少的情形，依照情況不同，日本列島的南方海上或是日本列島上的降雨量也會隨著減少，還有菲律賓北邊海上的降雨量也會大大地減少，這眞的是很有趣。圖13．6只是以菲律賓東海上的月降雨量爲基準來觀察，當然，也可以以其他地區爲基準來調查。關於自己居住地區的降雨，因爲雨量的增減會與在地球上距離非常遙遠的某地區的降雨有著密切的關係，所以這也算是令人充滿期待的一個研究。等技術再更加地進步，也許某一天每個人就都可以即時地觀測到這些現象也說不定。

第十四章　雨的年際變化

地球暖化

地球暖化是因爲二氧化碳等大氣中溫室氣體增加所引起的，同時也是伴隨著人類活動所引起的地球規模環境變化問題中，最難以處理的問題。也許這是人類到目前爲止遇到的問題中，最困難的也說不定。預測帶來異常氣候現象的氣象、氣候的每年變動，以及地球暖化等未來數十年後會出現的氣象、氣候的每年變動，都是世界各地相關研究者至今尚在挑戰的大難題。另外，ＩＰＣＣ（Intergovental Panel on Climate Change，政府間氣候變遷委員會）中，也會反映到各國的政策，除了預測氣候變動之外，也會討論氣候變遷的影響以及對策，二零零一年時就發表了第三次的報告。

雖然尚未到達人人都能實際感受到，但與地球暖化相關的問題中，最可怕的一個問題是，應該就是地球上水循環變化跟隨之帶來的影響吧！簡言之，就是地球上的降雨和降雪方式會產生相當大的改變，變成跟現在完全不一樣的方式。現在，人類擁有可以引起地球規模環境變化的力量，同時又可以透過人造衛星等工具來觀測這些改變，還有透過電腦，人類也可以擁有預測那些變化的力量。在整個人類歷史上，現代是最有意思的年代，我們竟然可以活在這個時代中，也眞的是讓人覺得不可思議。

關於預測地球暖化，最重要的事就是要盡可能地早期，並且正確地預測出大氣中溫室氣體會如何增加，地球大氣，特別是靠近地表的氣溫會如何上升，還有地球暖化之後會發生什麼樣的現象等。關於大氣中的二氧化碳濃度，透過分析冰芯等各種資料發現，過去五十萬年間，未曾升到現在這麼高的濃度，關於其他的溫室氣體如甲烷、一氧化二氮以及氯氟烴等，在整個地球的大氣中濃度有多高的部分，大致上已經可以透過觀測得知，只不過從無法觀測到可以觀測的時間才數十年而已。因此，要預測大氣中的溫室氣體接下來會如何增加，是一件非常困難的事情。其中最困難的是，莫過於要預測出伴隨著地球暖化，大氣中水蒸氣量會如何增加的這件事了。實際上，對於大氣的溫室效果，水蒸氣也是一個非常重要的因素。

〈地球暖化與雲〉

地球暖化，指的是整個地球地表附近的大氣溫度上升。在這一百年之間，整個地球地表溫度平均上升了0．6度（圖14．1）。地球暖化恐怖的地方，並不是溫度上升的程度，而

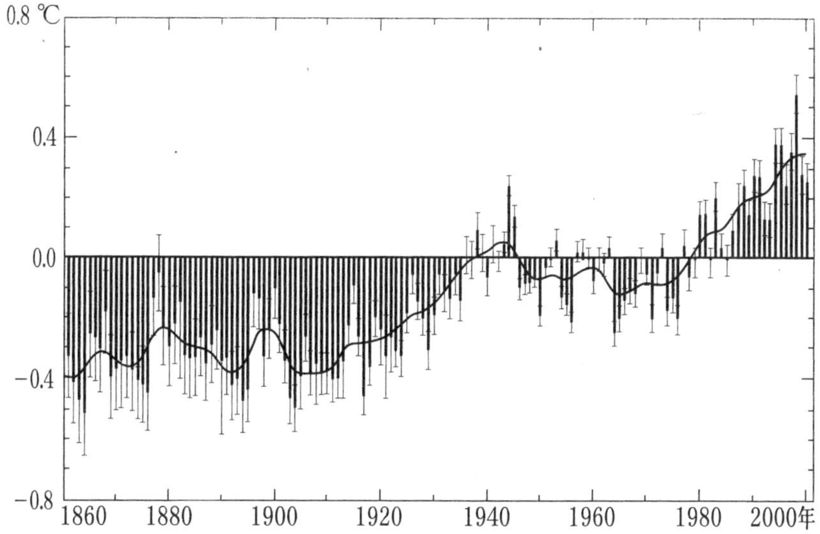

圖14．1　整個地球地表平均氣溫的年際變化圖　各年的平均氣溫表示的是1961年到1990年爲止與平均氣溫之間的差距。實線是10年變動平均値的變化。引用自IPCC（2001）

是在於變化的速度。一百年之間整個地球的平均氣溫上升了0.6度，這個增溫速度是地球上的植物、動物從未體驗過的速度，植物動物們很難適應這個改變。這一百年的變化中，其中過去20～30年之間的暖化是最激烈的，1998年是這一百年間最溫暖的一年。還有，根據2001年的IPCC的報告指出，之後一百年的暖化現象，會提升1.4～5.8度。從這裡應該就可以知道接下來暖化的速度真的是非常地快。

未來暖化的預測，是透過高速電腦經過龐大的計算，模擬未來的氣候所產生的。用於計算的這個氣候模型，基本上是和用於模擬地球整體的大氣變化時的數據預報模型同一個，氣候模型還必須要計算海面水溫、陸地雪冰面積、土壤水分、植披、其他以及設定氣候等等各樣要素的變化，所以相對之下會更複雜一些。如同在第五章也有提到的，從對氣候的影響大小以及複雜度來看，各種因素中最重要的就是雲了。就算是用了世界上最優秀的氣候模型，如同剛剛所提到的，根據模型預測出來的暖化程度之所以會出現1.4度到5.8度這麼大的差距，其中一個理由，就是因爲模擬溫室效應會對雲產生什麼樣的效果，以及各種類型的雲在地球上會如何分佈的方式稍微會有所不同的關係。

關於過去一百年間，爲什麼會出現0．6度的暖化，當然可以想到很多原因跟理由，只不過現在是使用這種氣候模型來重現現在的氣候，即使考慮了所有能夠想到的各種原因，這一百年間溫度上升0．6度的主要原因，除了人類活動導致大氣中溫室氣體增加以外，應該是沒有其他原因了。使用這一個氣候模型，預測之後未來的氣候變化，再加上包含溫室氣體增加等情況，結果就是到2100年爲止，溫度會提高1.4度到5.8度。因此，大部分相關的學者都認爲，伴隨著人類活動造成大氣中的溫室氣體增加，會使得地球暖化的速度更加快速。當然，除了預測地球暖化的程度，同時也透過氣候模型做了未來降雨量的變化。

降水的年際變化

在說明降水的未來預測情況前，先提一下過去降水的年際變化吧！不過，因爲測量降水量的歷史還很淺，再加上非常難以測量海上的降水量，所以如果要說到目前爲止的地球暖化增加了整個地球多少的降水量，從資料來看還不是很清楚。倒不如說，因爲各地區降水量的年際變化都很大，若要從一整個地球降水量的年際變化中，找出伴隨在這一百年間0．6度的暖化所產生的降水量年際變化的話，反而是一件非常困難的事情。在IPCC的第三次報告書中也整理好世界到目前爲止降水量的年際變化。根據報告，過去一百年間的變化傾向是，大部分北半球的中高緯度地區的陸地，比如說西伯利亞、加拿大以及歐洲等地的年降雨量增加了5～10％，另外熱帶地區的部分，年降雨量也增加了2～3％。非洲地區也出現了年降雨量大量減少的情形，同時也是這些地區乾旱及缺水的原因。

現在，人們所關注的降水年際變化，與其說是年降水量的增減，倒不如說是降水激烈程度的變化。也可以說是豪雨的規模、產生激烈豪雨的頻率或是強烈龍捲風出現的頻率增加，另外也可以說包含引發乾旱以及枯水的小雨，世界各地的異常氣象有著增加的傾向。實際上，以整個世界而言，隨著現在頻繁出現的大規模洪水以及強烈乾旱的現象，讓很多人注意到自然災害也有增加的趨勢。透過氣候模型的預測，已經預測到之後可能會出現的強烈暖化會對地球上的降水產生怎麼樣的影響，而且同時也預測到，整個地球的平均地表氣溫會上升，因爲氣溫上升，在地表的水年蒸發量也會增加，所以年降雨量也會隨著增加。圖14·2

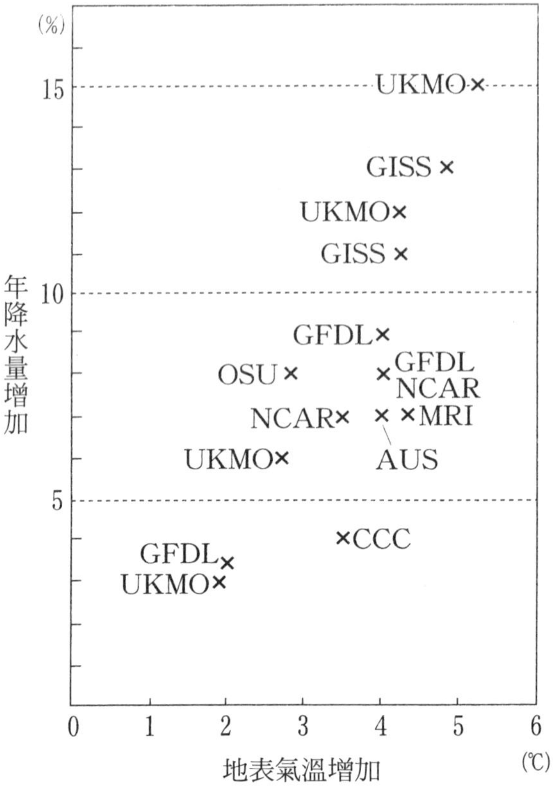

圖14.2　當大氣中的二氧化碳濃度增加一倍時，整個地球地表平均氣溫增加幅度的預測以及年降水量增加幅度的預測（%）　圖表中的文字爲使用各個氣候模型的研究機關名稱。引用自IPCC（1990）

是當大氣中的二氧化碳濃度增加到現在的兩倍時，整個地球的平均地表溫度以及年降水量的預測增加量。雖然不同於氣候模型所預測出來的數值，但是有趣的地方在於，預測出暖化程度會變大的模型，同時也預測到年降水量也會大幅地增加。雖然這也可以說是理所當然的傾向，但是從這個圖，也可以說當地球暖化愈趨嚴重，整個地球的年降雨量的增加程度也就會愈大。雖然前面提到的預測是接下來的一百年間，地球暖化會增加1.4～5.8度，但並不是世界上任何一個地區都會出現同樣的暖化，而是會分成暖化很嚴重的區域以及並非如此的區域。總之，很熱的地區和沒有這麼熱的地區之間的差異會變大，如同過去降水年際變化的傾向，激烈的降水現象會比之前更頻繁地出現，另一方面，雨量異常少的現象也會經常發生。激烈豪雨、洪水、乾旱和缺水等各種災害也會變多吧！

〈日本的降水年際變化〉

那麼，日本列島又會如何呢？基本上會發生和上述傾向同樣的事情。整體而言，年降雨量會有減少的趨勢。如圖14．3所示，即使在這一百年間，自一九六零年之後就經常會出現降雨量極少的年份，但是另一方面，降雨量多的年份也同樣地經常出現在一九六零年之後。

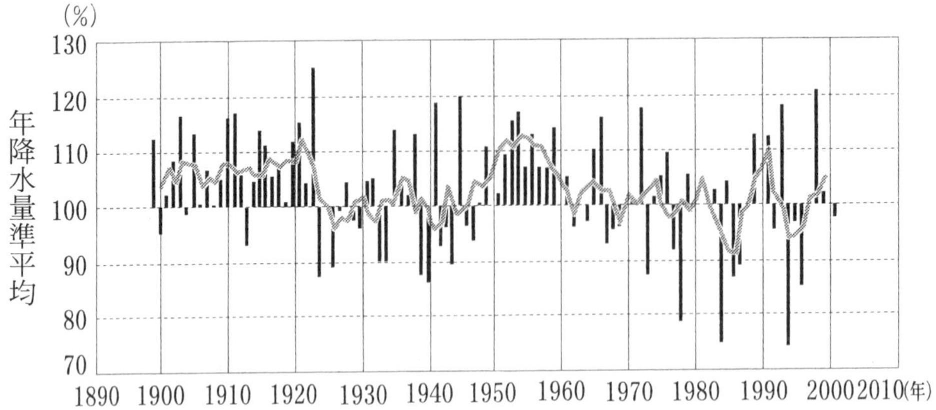

圖14.3　日本國內51個地點的年平均降水量的年際變化　圖內的降水量是1971年到2000年為止的平均值的比。實線五年移動平均的變化。引用自氣象廳（2001）

總之，一九六零年之後，降水量的變動幅度就有著變大的傾向。另外，如同世界變化的傾向，就算是年降雨量沒有增加，激烈豪雨出現的頻率還是會增加。從圖14．4中就可以看出來這個傾向，非常的有趣。這個圖表是，日本氣象廳的全國55個氣象台或是觀測站在這一百年間，在各個地點所測量到的單日降雨量第一名、第二名以及第三名是在哪一個時期更新紀錄的，並且以二十年為區間來標示的圖。可以看得出來，單日降雨量的紀錄數值大多是在這一百年間的後半更新的。換言之，大到可以更新單日降雨量的降雨，從整個日本來看，最近有變多的傾向。

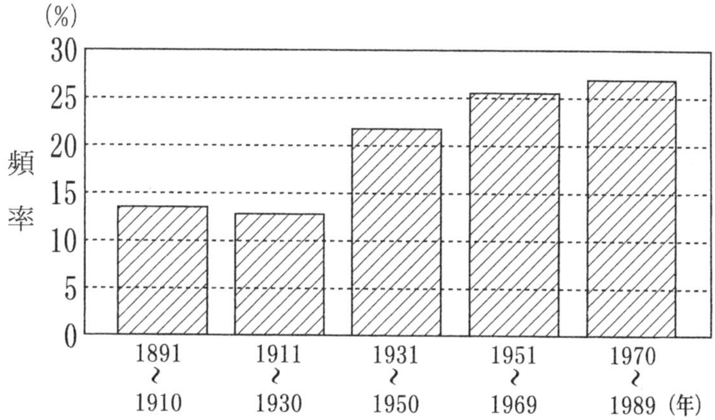

圖14.4　日本的55個氣象觀測點的各個地點單日降水量的一百年間的紀錄數值（1位值、2位值、3位值）更新時的頻率　頻率指的是各個紀錄值在二十年間是否有更新。引用自山本（1993）

還有一點，就日本降水的年際變化而言，最重要的事就是一九八零年代後半開始日本海側的冬季降水量，也是降雪量減少的這件事。所指的是，在日本列島出現的暖化傾向也出現在冬季的日本海側，在第十二章也有提到過，這個與日本海沿岸的降雪機制特異之處有關，就是因爲暖化，所以才使得降雪量減少。如同前面所提到的，山岳地帶的降雪對日本而言也是重要的水資源，如果列島的降雪量減少了，也是很令人困擾的。

第十五章　海洋惑星的水問題

地球上有著大量降雨或是降雪的地區，另一方面也有著幾乎不會降水的地區，降雨及降雪分佈是非常不平均的。在地球暖化的影響中，地球上生態系變化的同時，水循環也會產生巨大的變化。即使到現在，也還是有水過多的地區以及水源不足的地區，也就是說水的貧富差距正在擴大中。有個說法是，到了二零二五年，世界上會有25億到40億的人口面臨到水資源不足的問題。本書站在自然科學的立場，講述了與雨相關的各式各樣的科學，但是現在地球上的降雨方式，在將來可能會出現的變化以及變化之後所引起的大量水資源問題，也是很重要的問題。洪水、缺水等災害，之後也有可能會變得更加激烈，接下來整個地球上的居民都必須要開始思考要如何比現在更好地利用雨和雪等降水。有人說二十一世紀是「環境的世紀」，也有人說是「水的世紀」。

二零零三年三月，在京都舉辦了世界水資源論壇，世界各國有很多人來參加。在論壇中討論了包含到目前爲止所出現的問題、各式各樣的水問題，最後統整出新的世界水願景。第一屆的世界水論壇是在一九九七年的摩洛哥舉辦的，第二屆則是在尼德蘭的海牙舉辦。這次已經是第三屆了，主要討論的議題是，可以預知的氣候變化帶來的水資源貧富差距的擴大、水災害的激化以及隨著人類活動增加、水資源污然以及水源不足等等。

就如地球被稱爲海洋惑星一樣，地球是水資源豐富的星球。但是，地球上的水，除了冰蓋和冰河之外，只有0·6～0·8％是淡水，而且幾乎都是地下水，人類能夠直接利用的河川水以及湖泊的水，最多也只不過0·01％而已。還有，人類用水中，生活用水爲15％，70％是農業用水。據說要種出1公斤的穀物，需要1000公斤的水，而要養成1公斤的牛肉則需要7公斤的穀物。

世界人口急速地增加，因應大規模耕種所製造的現代農藥以及伴隨著人類活動釋放出來的大量化學物質，除了會讓整個地球中河川水以及湖泊水等重要的水資源減少之外，還會讓這些水資源的水質惡化。結果就是，世界的水資源利用，將會開始慢慢地依賴重要的地下水。水資源要儲存到地底變成地下水，需要經過非常長的年月，即使如此，美國、中國以及印度等地卻已經出現了地下水枯竭的狀況。現況就是如此，只能說這個傾向，今後只會更加嚴重。

日本的狀況也是完全一樣。倒不如說，就像是每年會進口7億噸的物質，出口卻只有1億噸一樣，日本是一個極度依賴國外進口物資的國家，但說不定水資源問題比這個還嚴重。日本是一個位於副熱帶的國家，但是因為有著奇蹟般的氣候現象，降雨量可比擬熱帶地區，的確是水資源豐富的國家。但是，實際上平均每一個人的降水量卻只有世界平均的25%，現實上還是屬於比較少的部分。而且，如果雨是降在又急又險峻的地形上，降下來的雨沒多久就會流進大海了。從古至今，日本有著森林、水田以及蓄水池，這些地方都有著減緩水流向大海的速度，可以讓降下來的雨或雪長時間保持在日本列島上，藉此來讓日本人得以好好使用這些水資源。雖然過去已經有了這些經驗，但是現在隨著都市建設，鋪路以及下水道及排水設施的設置等，反而讓重要的水資源快速地流失。

當氣候以及人類活動等同等於現在的這個情況持續不改變的話，整個日本應該是不會缺水，之後也不會有水資源大大不足的情況出現。但是，現在已經預測到當地球暖化時，對於日本而言相當重要的水資源之一的積雪會減少，而且還要擔心的是帶給列島大量降水宛如奇蹟般的現象之後也有可能會出現激烈的變化，連異常少雨的情況也有可能會頻繁地出現。就如同前面所提到的，最近這幾年已經經常出現異常少雨的年份了。

日本是世界少數的仰賴進口國，糧食自給率是非常差的40%，另外，使用的木材中有七到八成都是國外產的木材。這些情況代表的是，日本從國外以農產物、工業製品以及木材的形式進口大量的水。這個量以全體日本人的生活用水而言，大約是三分之一的量。換言之，即使日本列島不會面臨到水資源不足的問題，也可以預測到當世界各地出現水資源不足時，就會在農產品及糧食生產上出現問題，同時在其他方面也會有影響，而要擔心的是，仰賴進口國的日本也會受到這些情況的影響。

有個說法是，每個人一天所需的水量最少是50公升。和這個相比起來，日本人平均一天使用的水量約是300公升。這個水的使用量是世界第七。日本有句諺語是「想用熱水或水就用」（譯註：原文為「湯水のように使う」，指的是不需要節省，想用就用，或指浪費），另一方面也是因為日本人從以前就非常擅長使用水。但是，自從第二次世界大戰之後，沖水馬桶和下水道就普及到了全日本，以這個為契機，日本人對於水有多貴重的思考方式好像就出現很大的改變。而且，就算水源的水質變差以及自來水的價格提高，也照樣大量地使用，另一方面，也開始有人買寶特瓶的水來用於煮飯等。

先不評斷這是好還是壞，世界上有著像土耳其一樣把水拿來賣的國家，也有像加拿大的企業試圖把阿拉斯加的水出口到中國。或者像冰島那樣，未來的政策是想要把水當作是燃料電池等能源來使用的國家。從古至今，日本就是一個在日常生活中很親近雨，也很擅長使用豐富雨水的國家。最近，也有人嘗試著改良建物及房子來加強雨水的利用。在地球上水的貧富差距變大的「水的世紀」中，日本人接下來要怎麼面對降在日本列島上的這些貴重的雨和水，還有，以日本的長期戰略而言，要如何和雨與雪共生下去等，將會是接下來最重要且需要認眞思考的問題。

解說「抓住雲的研究」的研究者第一人

藤吉康志

《雨的科學》，是我在名古屋大學就讀時，我的指導教授武田橋男先生在晚年時期，將自己的研究改寫成讓一般讀者也能讀得懂的文獻，作爲「氣象書籍（気象ブックス、氣象Books）」的一冊，由成山堂書店在二零零五年五月發行初版。

以雨爲主題的書非常多，這是當中特別好讀的一本。閱讀本書的同時，讀者可以強烈意識到構成雨的每個雨滴，並且透過這個獨自的視點俯瞰「雨的科學」，進而感受到生活中「下雨」這個現象原來背後有著這麼多的涵義。出版至今十四年過去了，即使現在重新閱讀本書，也能學到新事物，幾乎沒有需要重新改寫的部分。但是，如果老師還在世，一定還會再加入新的內容吧！關於這一點，將會在本解說的後半補充。

《雨的科學》起始

正值學術文庫化之際，老師寫下了一本如此優秀的入門書，而爲了找出老師研究的出發點，筆者重新閱讀了老師從一九六二年到一九七一年在英文專刊上發表的初期論文。在此，將簡單地解說關於一連串研究的學術背景與今日的意義。（以下的文章，除了武田老師以外，省略敬稱）

老師在就讀研究所時期被賦予的研究課題，寫在本書的第一章，「當使用人造雨讓雨從雲降下時，雲下的蒸發，會減少掉多少雨量，請使用數值計算出來」。這個課題看起來好像很簡單，但是每當老師的指導教授正野重方先生來詢問研究進度時，老師都會配合時間逃去頂樓，由此可知，這個課題對於當時的電腦性能而言，是如此的複雜且難以計算。

正野重方教授受到了東京帝國大學理學部的教授寺田寅彥先生的影響，開始對氣象學有興趣，一九三四年畢業後，就到中央氣象台就職，並於此開始進行研究。之後，接任當時兼任中央氣象台台長以及東京帝大教授藤原咲平先生的位置，並於一九四四年成為副教授，一九四八年成為東京大學教授，到一九六九年在職內死亡之前，帶領著「正野School」，培育出後來帶領世界以及日本氣象學，以小倉義光為首的人才，是一位幫助氣象廳的數值預報大為進步的知識巨人(1)。

正野重方先生最擅長的部分是「氣象力學」。另一方面，同樣教授氣象學，負責「雲物理學」的是助理教授磯野謙治先生是正野重方教授在東大理學部的學弟，從氣象研究所到東大之後，受到東京電力的委託，從一九五一年開始持續主導將近十五年的人造雨實驗。同時期，九州電力委託九州大學，關西電力委託大阪大學，東北電力委託了東北大學，這些大學共同實行了人造雨的實驗[2]。武田老師就是隸屬於一九六零年正在進行人造雨實驗的東大氣象學研究室。因此，可以推測出來正野教授當初交給老師的課題的研究目的，的確就是「估算從雲底到地球地表爲止，雨滴的蒸發量」。

但是，在一九六二年刊載的論文的「序」中所寫的研究目的卻是：「闡明到目前爲止分開研究的力學過程（大氣流動使得雲產生的研究）以及雲物理過程（雲內形成雲滴及雨滴的物理過程的研究）的相互作用」。和當初的研究目的完全不同，是極具野心的目的。而且還寫了研究的必要性：「爲了闡明局部豪雨、雷雲的發達因素、雷雲所帶來的強烈下降氣流以及颮線的形成機制，就必須要知道雲底下的雨滴蒸發過程」。通常，指導教授都會擔任學生最初的論文的第

學生時代的武田老師（左）、石田幸正（後來成爲名大工學部教授，中央）以及磯野謙治（右）。1960年攝影。照片提供：武田敦子夫人

一作者，因此如此般有野心的研究主題，應該不會是老師一個人所寫的，從「雨落下時會蒸發」這一個極爲日常的現象爲出發點，連結到後來透過闡明「雨滴與對流的相互作用」而言明這個作用對於帶來激烈降雨的積雨雲產生與維持過程而言，是有著最基礎的作用，驚訝於老師的慧眼同時，也可以推測出這一個「序」，正是正野重方對老師的期待。

闡明形成超級胞的機制

上述論文於一九六二年出版，當時英國的新銳氣象學者，後來成爲英國皇家氣象學會會長的Keith Browning整理出有關於帶來大冰雹以及龍捲風的「超級胞」的觀測結果，並且發表了提出積雨雲內部氣流構造概念圖的論文，此論文是當時的一個里程碑(3)。「超級胞」一詞在二零零六年十一月七號在北海道的佐呂間町若佐出現龍捲風之後，只要在日本出現龍捲風，媒體在講述發生的原因時就會頻繁提到「超級胞」，但是當時尚未闡明爲什麼可以維持那樣的氣流構造。

很快地，老師也收到了這個問題的挑戰，一九六五年老師在日本氣象學的英文專刊上發表了「在有風的垂直風切的大氣中，對流雲層裡形成的下降氣流以及對流系統的維持與其角色」，一九六六年發表了「對流雲內的下降氣流與雨滴：數值計算」。另外，終於一九七一年在美國的氣象學專刊Journal of the Atmospheric Sciiences發表了「Numerical Simulation of a Precipitating Cloud: The Formation of a "Long-Lasting Cloud"」（帶來降水的對流雲的數值模擬：「持久的雲」的形成）。雖然這個數值計算是平面模型，卻也出色地說明了「超級胞」的行程以及維持過程的本質。（詳細的說明，請參見本書第七章「像生物一樣的積雨雲」）

因爲有了這些業績，老師獲得到一九七三年度的日本氣象學會賞，年紀輕輕就成爲全世界都認可的「雲力學」研究的首位科學家。這一個計算是在一九六八年到七零年間，老師在加拿大的麥基爾大學所做的。老師說「各別的程式完成之後，如果可以有一台高性能的電腦可以把全部的程式連接在一起計算就好了」，所以就「到了加拿大，一下子就完成了計算，後來就一邊享受國外生活，一邊寫論文」。這裡特別要提到一件事情，這三篇論文的作者都只有一位，甚至連謝詞都沒有正野重方的名字。就代表著老師在學術上已經正式從恩師獨立出來，成爲一位獨當一面的研究者了。

在名古屋大學做的雨的研究

老師在一九六四年到名古屋大學理學部附屬水質科學研究設施「水圈物理學部門」擔任

助教，一九六一年離開東大的磯野謙治教授以及正野School的駒林誠助教授也是隸屬於這個部門。這一個水質科學研究設施（首任設施長是菅原健）設置於一九五七年，當初只有「無機化學部門」一個部門，之後才陸續成立「水圈代謝部門」以及「水圈物理學部門」（以研究雷著名的學者高橋劭也曾在此部門擔任助教）以及「有機化學部門」（獲得二零零八年諾貝爾化學獎的下村脩也曾隸屬於此部門）。一九六六年成立「降水物理學部門」時，磯野、駒林以及武田就轉隸屬於此部門，「水圈物理學部門」則由從北海道大學轉調而來，在中谷宇吉郎門下學習，後來以冰河研究恍名的樋口敬二就任。本設施在一九七三年升格為「水圈科學研究所」，一九九三年改組為全國共同使用的「大氣水圈科學研究所」。

武田老師是從使用數值模型的研究出發的，但老師特別強調現實中發生的現象，或是觀測未知現象的重要性，也在國內外進行透過氣象雷達的移動觀測或是飛機觀測等，直到講到「雲或雨的觀測」就是名大．水圈研究所為止，與同袍研究者一起致力於發展研究所。順帶一提，筆者從一九七四年到一九八一年為止，都以研究所學生以及研究生的身份待在本研究所，也參加了國內外的降雨．降雪的觀測。之後，從一九八一年到一九九零年為止，在北大．低溫科學研究所擔任助教，一九九零年到一九九六年為止，在水圈科學研究所以及改組後的大氣水圈科學研究所擔任助教授，一九九六年再度回到北大．低溫研究所擔任「雲科學分野」的教授。那是因爲，想要除了在名大．大氣水圈研究所之外，也想要增加觀測研究據點的關係。

大氣水圈科學研究所在二零零零年老師退休後，內部的成員轉任到國家直轄的研究所「綜合地球環境學研究所」，因此在二零零一年縮小成推行企劃的「地球水循環研究中心」。另外在二零一五年，和大學內其他組織「太陽地球環境研究所」以及「年代測量綜合研究中心」整合，變成了「宇宙地球環境研究所」。降水觀測的傳統，在觀測裝置以及數值模型大幅度提升版本之後，也仍然繼承了下來。

近年的動向

在這裡，想稍微地提到如果老師還在世的話，一定會想要爲此書補寫的部分。第一件必須要提到的事就是，當然是本書第十四章所提到的對於「地球暖化」的問題，雲可以帶來的助益。在本書完成後，搭載著爲了觀測雲的高感度感測器的人造衛星發射到了外太空，各種更高規格，例如有辦法運作立體「雲解析」全球模型的地球模擬器、名爲「京」的超級電腦以及量子電腦等被開發出來，但即使如此，在二零一三年，IPCC（政府間氣候變遷委員會）最新提出的第五次評價報告書中，仍然指出預測未來氣溫變動的最大不確定性仍是

「雲」，報告中認眞地討論了不只人造雨，也討論了人工改變雲量的技術等，代表著之後仍需要「抓住雲的研究」。

伴隨著「地球暖化」，大氣中含有的水蒸氣量也會增加。大氣中含有大量水蒸氣的結果就是，大量的降雨會降至地面上。問題是，雨量不會平均地出現在整個地球上，而是會加強某些地區的降雨。總之，不降雨的地區會更極端地不降雨，會降雨的地區則會極端地變多。理由就如同老師說明的，因爲積雨雲有著一旦產生之後，就會容易讓周邊也產生積雨雲的性質（架構）的關係。這幾年，媒體頻繁地使用「線狀降水帶」一詞，原本常用的說法是如本書第八章所提到的，帶來集中豪雨的「排列成線狀的積雨雲群」。游擊隊豪雨也是一樣，老師對於一九七二年發生的西三河東濃地區豪雨也是用這個單詞來形容。順帶一提，不是豪雨本身的性質和從前不一樣，而是頻率和強度增強了。

本書出版之後，因爲IOT急速的發展，現在已經能夠在短時間內提供高精準度‧高品質的氣象情報了。其中最具代表性的，就是國土交通省在日本全國設置，稱爲XRAIN的雨量觀測系統，系統中作爲主力的觀測裝置爲MP雷達。這裡省略詳細的說明，此雷達就是利用本書第一章所提到的「雨滴會隨著大小產生形狀差異」以及第二章提到的「雨滴大小分佈會隨著雨的強度改變」，讓此雷達測量雨量的精準度比一般的氣象雷達要來得更好。

一九八零年代開始就已經在開發此雷達了，主要是以二零零八年日本各地出現的都市型豪雨災害爲契機，二零零九年之後一口氣廣泛地設置。再加上氣象廳的雷達改用都卜勒雷達的改換作業在二零一三年幾乎已經全部完成。因此，就算各大學以及研究機關沒有自己的觀測雷達，也可以獲得比從前還要更多的觀測資料，使得研究以及預報都可以更進一步。另一方面，很遺憾的，並沒有因爲如此使得氣象災害的損失減少，反而產生了新的問題——「提供確切的情報來移動人」。

私底下的武田老師

剛好有這個機會，讓筆者在這裡簡單的介紹一下老師。

老師都會帶點驕傲地說自己是「純粹的江戶孩子」，在外面則是跨開大步颯爽地邁開步伐，是一位非常適合穿西裝的紳士。另一方面，在研究室，老師會換上工作服，在以炎熱夏天著名的名古屋，刻意待在沒有冷氣的房間內，然後用掛在肩上或是垂在腰間的手巾來擦汗。另外，老師也擅長畫插畫，在本書中也有放入統整研究結果的概念圖，這個圖非常好理解，很多解說書籍也會轉載使用這些圖。老師原本腸胃就不好，據說在一開始的東大入學考時還考到胃痛，後來爲了要考上，認爲與其唸書不如好好地管理身體，於是在重考生時期就以跳跳繩等運動爲主來增加體力。之後除了跳繩，每天還有倒立，或是通勤的時候快走等。當然，因爲老師很愛他的家人，因此沒什麼特別事情的時候，都會準時回家，打開電視看之前錄影起來的棒球比賽，家人說當老師喜歡的巨人隊輸球的時候，家裡都會瀰漫著一股不安的氣氛。有時候，老師也會和師母約在研究所外面等，一起去逛街，老師也喜歡收集老唱片以及看電影等等。那時候，師母帶來的蛋糕，眞的是讓我們這些學生大飽口福。

此書發行後將近一年，二零零四年二月九日，老師的人生在六十七歲的年紀閉幕了。如同老師在「序」中所寫的，本書的原稿是在醫院中，幾乎沒有資料的情況下撰寫的。老師的病名是「急性白血病」，住院生活幾乎都在無菌室內過的。因爲連紙都必須要殺菌之後才能使用，所以是透過師母才好不容易每天可以拿到兩張進病房內。在這種情況下，老師仍不浪費任何一點空間，把原稿完整地整理好並寫在紙上。另外，將手寫的原稿內容輸入電腦的，就是老師的孩子泰斗。

筆者拿到老師草稿的時候是二零零三年十月三號，之後也將自己的意見寄給了老師，但因爲那時候老師的病情惡化，已經沒有餘力修改了。其實，編輯曾經拜託過筆者說，因爲字數太多，希望可以減少一成左右的字數。但是，這個原稿是老師用生命寫下的，對筆者而言，一字一句都沒辦法減少，最後僅停在最少限度的修正以及添加。但是，各章節的完成度之高，不管重讀幾次都找不到可以刪減的部分。以結果而言，幾乎沒有減少任何的內文及圖片就出版了。感謝願意接受如此任性要求的成山堂書店的大家們，另外，也感謝有幫忙調查圖片出處等當時武田研究室相關人員的各位，非常地感謝。

這一次，此書爲受到講談社梶慎一郎先生的委託，重新出版的學術文庫版本，衷心地盼望著可以有更多的人能夠閱讀到此書。

（北海道大學名譽教授）

參考文獻

（1）《用人與技術述說的天氣預報史—打開數值預報的「金色鑰匙」》古川武彥、東京大學出版會二零一二年

（2）《人造雨—缺水對策到水資源》眞木太一．鈴木義則．脇水健次．西山浩司編著、技報堂出版、二零一二年

（3）Browning, K. A. And F. H. Ludlam, 1962L Airflow in convective storm, Quartery Journal of the Royal Meteorological Society, 376(88), 117-135.

（4）《氣象雷達60年，過去與未來展望》石原正仁．藤吉康志．上田博．立平良三編著、「氣象研究筆記」第二三七號、日本氣象學會發行

索引

國家圖書館出版品預行編目（CIP）資料

雨的科學：從雨滴的形成、積雨雲的組織到降雨量與氣候環境的解析／武田喬男著；魏俊崎譯.
-- 初版. -- 臺中市：晨星, 2020.05
面；公分. --（知的！；164）

ISBN 978-986-443-992-8（平裝）

1. 水文氣象學

328.6　　109003183

知的！164

雨的科學

從雨滴的形成、積雨雲的組織到降雨量與氣候環境的解析

雨の科学

作者	武田喬男
譯者	魏俊崎
編輯	李怜儀
封面設計	張蘊方
美術設計	黃偵瑜
創辦人	陳銘民
發行所	晨星出版有限公司 407台中市西屯區工業30路1號1樓 TEL：04-23595820　FAX：04-23550581 行政院新聞局局版台業字第2500號
法律顧問	陳思成律師
初版	西元2020年5月1日　初版1刷
總經銷	知己圖書股份有限公司 106台北市大安區辛亥路一段30號9樓 TEL：02-23672044 / 23672047　FAX：02-23635741 407台中市西屯區工業30路1號1樓 TEL：04-23595819　FAX：04-23595493 E-mail：service@morningstar.com.tw 網路書店 http://www.morningstar.com.tw
讀者專線	04-23595819#230
郵政劃撥	15060393（知己圖書股份有限公司）
印刷	上好印刷股份有限公司

定價420元

ISBN 978-986-443-992-8
《AME NO KAGAKU》